原発大国とモナリザ

フランスのエネルギー戦略

竹原あき子

緑風出版

高木仁三郎氏に捧げる――はじめに

高木仁三郎氏のライト・ライブリフッド賞授賞式（一九九七年）でのスピーチが気になっていた。高木氏は、プルトニウムの危険を「日本やフランスのような国における、現在の本格的な民事プルトニウム計画では、このようなプルトニウムを何百、何千グラムも分離し、輸送し、そして使うことを考えています。しかし歴史的な経験は、この物質から有意のプラスのエネルギーを得ようとするあらゆる試みが失敗に終わったことを示しています。……民事プルトニウム計画をこれ以上続けるための、何の正当付けの理由も残っていないと考えられます。にもかかわらず、夢物語の遺産が現在も残り続けているのです」と語った。また、この計画がいまでも続いている理由は、日本とフランスの巨大な中央集権的官僚主義、再処理の契約が足枷になっていること、科学者が専門領域に口をつぐむこと、と続く。

高木氏の著作に共鳴してきた著者が『環境先進企業』を上梓して数年後の受賞だった。原発をフランスとの関係で見る視点にうなずいた。それから十四年後福島災害の直後、高木氏の指摘がよみがえった。世界最大のフランス原子力産業、アレバのホームページを開いた。そこにある原子力発電と肩を並べている再生可能エネルギーのページに釘づけになった。アレバつまりフランス政府は二〇〇七年以来膨大な額の投資をこの分野にしていた。むろん原発を輸出産品としながら。

巨大な中央集権的官僚主義があり、原発利権企業団体がそれを取り巻いている図は日本と同じ。高木氏が語るフランスの原発を推進してきた集団とは次のようなものだ。一九九一年までフランスには原発とその安全にかかわる法律はなかった。一九八一年にミッテラン政権（一九八一〜一九九五）が誕生して八年後の一九八九年にはじめて国会でエネルギー政策に関する問題を討議することになった。二〇〇四年から国民を巻き込んだ討論会が開催され、「原子力の安全と透明性に関する法律」が国会で投票されたのは二〇〇六年だった。

だが、この結論が原発政策に影響を与えることは全くなかった。その直前に第三世代発電所、欧州加圧水型軽水炉（ＥＰＲ）のフラマンビルでの建設はすでに決定していたからだ。二〇〇五年と二〇〇六年に建設許可手続きが行われ、二〇〇七年に建設開始となった。ということは法律が投票される寸前に許可がでていた。

それというのも原発の政策を立案し実行する官僚、アドバイザー、安全検査機関、関連企業の社長はほとんど同じエリート養成校〝Corps des Mines〟（コール・デ・ミン）という理工系技術者養成校の出身者だけで占められる、という歴史があるからだった。政権が左右に交代して、大臣が変わっても、大臣の下にいる官僚のトップとエネルギー産業の社長すべてが同窓生なのだ。これは今でもほとんどかわることはない。例えばサルコジに解雇されたアレバ元社長アンヌ・ロヴェルジョンもその後任のリュック・ウルセルも同窓生、つまり〝Corps des Mines〟だ。

だから、内部での人間的な抗争はあっても、〝エネルギー独立〟というほぼ六〇年続いたドゴールの理想をまげて原発から撤退する人間集団ではない。そこでエリート達は、原発と並行して、再生可能エネルギー部門をアレバに加え、エネルギー〝転換〟という道筋を二〇〇七年に描きはじめた。二〇〇六年に原発にかかわる情報公開を義務化する法律ができたからだった。エネルギー関連の大企業がほぼすべて再生可能エネルギー生産に乗り出したのだ。もちろんそれぞれ他社の利益を損なわないような取り決めをして。この賢さを同じ中央集権的官僚機構がある日本は見習うことはなかったようだ。

原発大国フランス。だが再生可能エネルギー大国にも挑戦しはじめたフランス。その思いがけない姿を現地取材を交えて報告する。高木氏の願い「プルトニウム最後の日」が近いことを願って。

目次

原発大国とモナリザ——フランスのエネルギー戦略

第1章　濃縮ウランの後ろで

原発セールスマン、オランド

エネルギーをあやつる巨大な資本が世界を見えない手で牛耳る。悲惨な福島の事故でさえ、エネルギー資本の利益を損なうことはなかった。原発大国フランスのリュック・ウルセル、アレバ社長は、その見えない手の命ずるままに福島の惨事はこれからの原発産業にとってブレーキにはならない、と断言した。

しかも、「日本の原子力発電所のうち六カ所が二〇一三年末までに再稼働すると確信している。停止中の原発の三分の二の再稼働の見こみもある」(『レ・ゼコ』紙、二〇一三年五月三日)、とこのアレバ社長が発言したのは二〇一三年三月四日だった。経済産業相が日本ではじめて再稼働は早ければ秋、との公式発言は四月二十三日だったから、ほぼその二カ月前にフランスは、われわれ日本人の頭ごなしに日本の原発再稼働の台数と期日まで、まるでフランスが決めました、と言わんばかりの見解をフランスはじめヨーロッパのメディアに流した。

日本の原子力事業の主体は日本の電力会社でも政府でもないかもしれない。世界のエネルギー資本を牛耳る見えない手が望むように、二〇一三年六月、原子力発電は安倍首相の口から日本の「成長戦略」の柱の一つに位置づけられ、六月七日に来日したフランス大統領オランドの原発セールスに応えるように、同じ日に日本の四電力事業者が六カ所の原発再稼働申請をすると報道があった。それはアレバ社長が語った確信を三カ月後に日本側がうらづけたことになる。原発の事業は誰かがどこかで事前に決断し、お膳立てができ、そのお囃子にのって踊るのが日本の電気産業と政府だろう。

フランス最古のフェッセンハイム原発の廃炉、原発依存を七五%から五〇%に、をかかげて大統領に当選したはずのオランドが、権力の座について一年後に早くも原発推進に舵を切った。二〇一三年春まで「エネルギー転換」と声高にとなえ、国民を鼓舞していた大統領だった。もちろん脱原発という言葉を発したことはなかったが、すくなくとも前大統領サルコジのような積極的推進派とはちがっていた。そのオランドを恥も外聞もなく、中国、韓国、インド・日本、トルコへの原発セールスマンに変身させたのは、ウラニウムを売って得る巨額の利益を減らしたくない圧力があったからだ。

原発産業からあがる利益は、どれだけ巨額な予算が提案されようと工事開始から稼働までにかかる時間と不安要素を見込めば、いまだ完成しないフランスの欧州加圧水型軽水炉（ＥＰＲ）のように赤字になる可能性だってある。

だから原子力発電所建設工事や発電から利益を得ようとするのではない。ガソリンがなかったら自動車が動かないように、ウラニウムという燃料がなければ原発は稼働しない。それゆえ発電のための燃料、つまりウラニウムを原発の稼働期間の三十年から六十年も、核燃料棒に加工して純正部品だから安心してお使いください、とリスクなく安定して売り続けることに最大のうまみがある。核燃料棒の工場だったら原子炉よりはるかにリスクが少なく大きな利益につながるのだ。つまり機械の販売ではなく、使用した紙で利益をあげるコピー機や、純正部品というインクで利益をあげるプリンターと同じように。

一九七〇年代に起こったプルトニウム事故を映画化したメリル・ストリーブ主演の「シルクウッド」（一九八三年）をみれば核燃料棒の製造工程がよくわかる。ウラニウム鉱山を開発し、濃縮ウランをとりだし、それを燃料棒に加工し、売り歩くこと、それが大資本と国家の利益になる。国境を超えたこの資本の結合は、ますますその正体を見えなくさせる。だれがどこで日本の原発再稼働を決定したのか。それは日本人に知らされることはないだろう。

二〇一三年三月、フランスのテレビ局ARTEは「福島から二年」という一時間のドキュメンタリー番組を放映した。そこで菅直人元首相は、長袖の白いワイシャツ姿でインタビューに応じ、福島での事故対策にあたっていた当時「東電は政府がコントロールできなかった、戦前の日本軍部と同じ組織になっている」と語っていた。政府の上に東電があり、その上に資本が乗り、その上にグローバル資本がいる。

セールスのルアーは「モナリザ」

一九七三年のオイルショックはすべての先進工業国をエネルギー確保に走らせた。まさにその年に起こった田中角栄首相（当時）のウラニウム購入は忘れてはならない事件だ。田中首相は資源外交と称してヨーロッパ三カ国、英仏独をめぐった。フランスで会ったポンピドー大統領（当時）は濃縮ウラン購入を提案し、その見返りにルーヴル美術館所蔵の「モナリザ」の貸し出しを約束した、という。田中にとってご満悦の商談が成立した。翌年一五〇万の日本人を歓喜させたフランス文化の象徴「モナリザ」は、優秀な釣り人であるフランスが棹の先につけたルアーのようなものだった。ウラニウム付きの「モナリザ」というルアーに日本という魚がくらいついたのだ。

「モナリザ」は濃縮ウラン年間一〇〇〇SWUトン購入と引き換えに、上野の東京国立博物館に展示された。それまで「日米原子力協定」にもとづきアメリカに依存してきたウランをフランスから購入するという契約は、アメリカの核燃料独占供給体制の一角を崩すことになったが、アメリカの軍事支配を嫌ったドゴールの後継者としてのポンピドーにとっては大きな成果だった。だがまもなくロッキード事件に遭遇した田中にとってアメリカの「核の傘」から出たのは彼にとってもあやうい選択だった。ただし、一九七二年十二月には、フランスと日本のウラン濃縮に関するワーキンググループがすでに設置されていた。

「モナリザ」が日本にくる十年前すでに「モナリザ」はルアーだった。ドゴール将軍が大統領だったのは一九五九年から一九六九年まで。その間、彼はアメリカの軍事的支配をきらって北大西洋条約機構（ＮＡＴＯ）を脱退し、エネルギーでも独自路線を走った。そのためにアメリカの大統領だったケネディに対して、核保有国としての暗黙の了解を得る軍事外交の切り札として「モナリザ」を使った。

ジャクリーヌ・ケネディが愛していた「モナリザ」貸与を当時文化大臣だったアンドレ・マルローを通してジャクリーヌに提案し、夫に影響を与えたのだ。貸与は一九六二年十二月から一九六三年三月まで。ドゴールは「モナリザ」がアメリカで公開されている間に、「……フランスは独自の核戦力を持つことをここに宣言する」と語り、アメリカ、ソ連、イギリスに次ぐ核保有国となり、国際的な発言力を増した。最強のフランス文化の切り札「モナリザ」がアメリカで展示されたのは一九六三年一月からだったが十一月にケネディは暗殺された。

その翌年、一九六四年、ルーヴルの至宝「ミロのヴィーナス」が東京オリンピックを記念して来日し、フランス首相として来日したのはポンピドーだった。それは東海村で最初の原子力発電が行われた一九六三年の一年後にあたり、第二回日仏原子力技術会議があり、一九六五年の日仏原子力協定発効につながる。

「モナリザ」をルアーにしてみせたポンピドー大統領はドゴール政権下で頭角を表す前に、ロスチャイルド銀行頭取であり、ロスチャイルド一族はいまでもウラン鉱山に利権を持つ国際的な財閥だ。もちろん日本政府も、日本の電力会社も、日本の大企業のほとんどもウラン鉱山に投資している。

原子力発電とフランスの文化財「ルーヴルの秘宝」との関係はこれだけではなかった。二〇〇九年六月に国立国際美術館で開催された「ルーヴル美術館展　美の宮殿の子どもたち」の直前、二〇〇八年三月に関西電力は高浜三号用のＭＯＸ燃料一六体の購入をフランスと契約している（二〇一三年六月、高浜三号用として日本に陸揚げされた）。

記憶に新しいのは、福島の事故直後の二〇一二年にルーヴル美術館の作品二四点が「被災者の皆様と連帯の気持ちを伝えたいという思い」で東北三県を巡回したことだ。二〇一三年六月のオランド大統領来日と前後して決定され、七月から開催された、「ルーヴル美術館展　地中海　四千年ものがたり」もまた、フランスと日本の政府の間でかわされた、青森六カ所村でのウラン濃縮技術の販売、ＭＯＸ燃料製造技術の販売、放射能汚染土壌の除染契約、アトメアという原子炉の日仏共同開発と販売、などと無関係ではないだろう。

フランス最大の外交切り札こそルーヴルの美術品だ、とひらめいた人物がドゴール将軍だったとしても、その後継者達が同じ切り札をつかい続け、日本はそれにナイーブに反応してきた。日本だけではない。当然フランスの原発外交は中近東とアジア諸国にも及んでいる。
二〇〇九年のアラブ首長国連邦との原発受注不成立は、「今世紀最大の失敗」とフランスで騒がれた。韓国に敗北した原因をアレバと電力関連のフランス大企業が責任をなすり付け合っているが、フランスはアラブ首長国連邦とのＥＰＲ（欧州加圧水型軽水炉）契約をなにがなんでも成立させようと万全の準備をしてきた。国際入札のあった二〇〇九年の二年前、二〇〇七年にアラブ首長国連邦にいつもの切り札を切った。三月六日に「ルーヴル・アブダビ」の創設を提案し、作品の貸与を申し出たのだ。アラブ首長国連邦に建設する美術館にルーヴルというブランド名を貸し、三十年間美術品も貸与しようというもの。これまでなかった最高の札をつくしたフランスだったが、二〇〇九年アラブ首長国連邦は韓国を選び、フランスの切り札は原発契約には役立たなかった。ところが、二〇一二年アレバは原発建設より安定した収入が見込めるはずの濃縮ウランの販売に成功した。稼動予定の二〇一七年と二〇一八年から数えて八年の契約で。アレバの巻き返しは成功した。

勝者である韓国でも、二〇〇六年十月から二〇〇七年三月までルーヴル美術館展が開催された。その一年後、二〇〇七年に韓国政府（ＫＥＰＣＯ）はアレバと十年間のウラン濃縮契約を結び、二〇〇九年にアレバの子会社の株式二・五％を取得し、二〇一〇年にはアレバのナイジェリアにあるウラン鉱山開発のパートナーとなった。そして、二〇一二年六月五日から九月三十日までソウルのハンガラム美術館で「ルーヴル美術館展、神話と伝説」が開催されている。

二一世紀の覇者といわれる中国に対してもフランスは原発のために着々と文化外交の札を切り続けてきた。

二〇〇三年十月から二〇〇四年七月までフランスで「中国文化年」を開催し、ひき続き二〇〇四年秋から二〇〇五年七月まで中国で「フランス文化年」を開催した。三年間の文化交流をへてシラク元大統領が二〇〇六年に中国を訪問、二〇〇七年、中国はアレバと原発二基の契約をし、二〇〇八年、北京の故宮博物館で大規模な「ルーヴル美術館とナポレオン一世」展を開催した。そして二〇一一年九月にフランスでは「ルーヴル美術館が迎える紫禁城展、中国歴代皇帝とフランス国王」という壮麗な展覧会が開催され、互いの文化交流をたたえあった。そしてオランド大統領は日本に来る二カ月前、二〇一三年四月に中国を訪問し、北京で宇宙開発、原子力発電、旅客機、など一四件の協力協定に調印した。

「モナリザ」の微笑みの後ろでウラニウムが微笑んでいる。一九一一年にルーヴルから盗まれイタリアで発見されてから、いまだ二度しか国外にでたことがない「モナリザ」。最初は一九六二年にニューヨークへ、二度目は一九七四年に東京からモスクワへ、と。その都度、貸与の許可はルーヴル側にあったのではなく、たとえルーヴル側が否定してもエリゼ宮つまり大統領自身が決断した。「モナリザ」が外交の切り札として機能するのは、国家の命運がかかっている時だった。

その微笑みが消える気配はない。なぜならフランス、アレバ社が二〇一二年に生産したウランの量は九・七六〇トンだった。これはこれまでにない生産量だ。ロシアのカザフスタンに次ぎ世界で二位に相当する。福島以後、需要が減ったウラン。たまりにたまったウラン。価格が下がりつつあるウラン。そのストック分を世界中に売りさばかなくてはならないのだ。シェールガスあるいは水素エネルギーが原発エネルギー戦略を覆す前に、なにがなんでも中東とアジア諸国にババのカードを引かせなくてはならない。

第2章　やめられない原発――〝成功のモデルはネスプレッソよ〟

アレバの美味しい儲け話

アトミック・アンヌ、と異名をとったアレバの元女性社長の本名はアンヌ・ロヴェルジョン。原発事故直後三月三十一日にサルコジ大統領（当時）と一緒に日本のメディアに登場し、傲慢な印象を我々に残した人物だ。

彼女は故ミッテラン大統領に抜擢され十年間ほど国策である原発事業、アレバを率いて辣腕をふるってきた。サルコジにきらわれ突然の解雇と言われるが、原因はどこにもある国の運命がかかった金と人脈にかかわるスキャンダルのようだ。

そのアトミック・アンヌが二〇〇八年九月十四日、フランスの週刊経済誌『チャレンジ』（Challenges）のインタビューで語った原子力物語がおもしろい。そして解任直後に出版した自叙伝『抵抗する女』を宣伝する週刊誌『レクスプレス』（L'Express）のインタビューも、フランスの原子力産業の正体をわかりやすく説明してくれる。その二つのインタビューの一部を紹介しよう。

アレバのモデルはネスプレッソよ――週刊誌『チャレンジ』（Challenges）

問：石油の価格が高くなっているのは原発にとってチャンスですか？

L：安い石油なんて終わりよ。だからといってそれだけで充分というわけじゃないの。なぜかって言えば、世界中がエネルギーに飢えているからよ。世界で原発の電力はたった一六％、ヨーロッパは三五％、フランスは八〇％でしょ。この割合って増えるしかないのよ。

問：この市場の未来をどう見ますか。

L：二〇二〇年から三〇年までに原発の数は倍になるでしょうね。いま世界に四四〇あるでしょ、新しくあと四〇〇を期待してるの。その三分の一をアレバが建設するわ。フランスの第三世代EPR原発（欧州加圧水型軽水炉）のおかげで私達は最先端にいるのよ。だってシーメンスと共同作業でしょ。フィンランド、フランスそして中国でも建設してるの（シーメンスは二〇〇九年、アレバとの合併を解消し、二〇一一年、ドイツ政府の脱原発宣言と同時に原発から撤退。原発に未来は無い、という理由だが、莫大な違約金をフランスに払った）。

問：だけどフィンランドの最初のEPR建設はピンチでしたよね。

L：だからこそフランスにとって最高のショーケースよ。だってEPRを建設するためには安全と正確性と透明性が必要でしょ。フィンランドの安全委員会は私達の計画のやりかたに敬意を評して文書をくれたわ。メディアがピンチを強調するのってフランスらしさを傷つけるようなものよ（フィンランドのEPRは二〇〇三年に契約。二〇一三年になっても完成せず、建設費は二・五倍になった。契約を上回った経費はフランス側の出費になる）。

問：アルストム（Alstom、フランス国策の発電、送電、鉄道産業を統括する持株会社）を暗示する発言をしてますが、なぜアレバとアルストムとの合併に反対するのですか。

L：これはメディアがつくったものよ。メディアがそう言うだけだわ。アルストムとの合併の結果、TGVと原発が売れるのだったら賛成するけど。客はアレバにタービンと原発の両方を売ってくれとはいわないのよ。飛行機とエンジンが別々じゃだめでしょ。この合併はアレバがウラニウムという燃料から離れろということと同じでしょ。その結果はカタストロフよ。

問：なぜ？

L：だってウラニウムって我々の成功の原動力の一つよ。私達の成功モデルってネスプレッソよ。つまり私達はあのコーヒーをいれる機械と、その機械にあったコーヒー豆を売っているのよ。コーヒー豆って利益が多いの。だから中国に二基も原発を売ることに成功し、私達が特許を持っているウランの三五％も、売るのよ。これが我々の完璧なモデルってこと。

問：EUは、二〇二〇年のCO_2削減のために適切な目標を定めましたか。

L：ヨーロッパはCO_2削減でチャンピオンになりたかった。だけど統一したエネルギー政策はないの。原子力では二七カ国に二七の安全機関があるわ。安全義務のスタンダードを造らなければ。アメリカでは一度ＥＰＲ（欧州加圧水型軽水炉）が認可されれば、彼らの要望どおりにいくらでも建造できるのよ。でもヨーロッパではその認可のプロセスだけで疲れきるわ。なんというエネルギーの浪費。（以下略）

（ロヴェルジョンはこの時アメリカと、スリーマイル島事故以来封印してきた原子力発電所建造再開に向けて交渉をしていた。二〇一二年に彼女の夢はかなった）

このインタビューから三年後に、解雇されることになるロヴェルジョンは、みごとにウランを売ることこそフランスの収入源だ、とフランス原発の正体をあらわにする。核燃料棒をネスプレッソに託した比喩は見事だ。エスプレッソという濃厚なコーヒーを入れる機械、ネスプレッソは日本では二万円前後だが、フランスでの価格は数千円からクイズの景品程度の安価なモノだ。挽いた豆が入っている小さなカプセルはフランスでも約一個八〇円と割高でカフェでの立ち飲みエスプレッソ代金とほぼ同じになる。それを二〇個、五〇個とまとめてしか販売していない。しかも純正部品のほうが安心で美味しい、ということになっている。つまり原発の建設がアレバならアレバ製の核燃料棒を購入すれば安心できる。一〇〇本ほどで一ユニットを構成する燃料棒の集合体を、一基で数十ユニット原子炉に投入し、原発が稼働し続ける三十年から六十年という長期間にわたって確実に、ほぼリスクなしに購入することになる。一度買ったエスプレッソの機械のためにネスプレッソのカプセルを買い続けるのと全く同じ仕組みだ。さらに原発には出力が落ちた燃料棒を一年間のあいだに三分の一から四分の一廃棄し新しい棒といれかえる、という入れ替え需要が必ずついてまわるところがこの産業のメリットだ。

しかも核燃料棒の醍醐味はここで終わるわけではない。寿命がある燃料棒は三年から四年で出力がおち、新しい棒ととりかえる。そこで生まれるのが廃棄燃料。その廃棄物をリサイクルして残ったウラニウムとプルトニウムを取り出すサービスもアレバは顧客に提案するのを忘れない。一度お買いいただいた燃料棒をリサイクルすればもう一度燃料になり、永久にエネルギーは循環します、という戦略。しかもウランとプルトニウムを取り出した残りをガラスで固めて、放射能を含む残滓を発注先に返却するところまでが原発産業だ。それも膨大な収益につながる。

ウラン鉱山の開発、経営、加工、発電炉の建設、稼働支援、燃料棒販売とそのリサイクル、廃棄物処理と返却まで、原発のデパートのような形をとっているのは、世界中でフランスのアレバ以外にない。原子力にかかわるあらゆる作業のすべてを産業としている。二〇一一年アレバの原子炉などの建設からあがる収入は総収入の三七%、それに比べてウラン鉱山、核燃料棒、リサイクル、廃棄処理の合計は五八%、そして再生可能エネルギーからは三%だった。当然、燃料部門からあがる五八%の事業を縮小するわけにはいかない。だからフランスは福島の災害直後に日本が原発から撤退しないよう大統領まで日本に送り込んだ（福島原発事故以前、アレバが日本からあげる収入は売り上げの八%だった。日本はお得意様だった。日本政府が脱原発を決心できないのは、使用済み核燃料棒再処理を依頼しているフランスとイギリスから、そんなことなら即刻いま引き受けている燃料棒を日本に返す、と脅迫されたからだ、という。だがそれ以上に核燃料棒の買い手がなくては困るのだ)。

中国はアレバの救世主か――二基契約の代償

ロヴェルジョンは週刊誌『チャレンジ』とのインタビューで自ら契約に立ち会った中国のEPR（一〇〇〇メガワット）二基の建設を自慢げに語っている。とはいえこの計画に不安がないわけではなかった。中国政府はEPR導入に際して条件をつけたからだ。核燃料棒の製造技術も同時に提供してほしい、と。アレバはそれを全面的に断れなかった。なぜなら中国本土にあるウラン鉱山、すでにカナダが開発していたウラミン社の鉱山を二〇〇七年に買収し、そこで生産したウランを中国に提供することになっていたからだ。当時、燃料棒の原料であるウランの確保はアレバ存続にかかわるため、カナダ、アフリカなどの鉱山を次々と積極的に買収していた（ウラン鉱山買収のスキャンダルもロヴェルジョン解雇の原因といわれている）。

二〇〇七年のアレバの決断は、製造技術の全てを中国に提供するかわりに、ジルコニウムで造る燃料被覆管、金属のチューブの製造技術を提供することで手を打った。未来の核燃料棒輸出国としての中国を想像しながらの決断だったにちがいないが、自社のライバルができてもなおEP

R建設を国外に宣伝し、急いで着工する必要があったのだ。

というのは、すでにフランスは中国で稼働中の原発一一基のうち九基の建設を支援してきた。しかもアレバは一九九一年に中国と核燃料棒組み立ての技術移管をする契約をした。燃料棒の設計変更にともなって契約は再度一九九八年に更新されたが、アレバから供給される技術は組み立てだけであり、ウランのカプセルとチューブという部品の製造技術移管は契約になかった。だが二〇〇七年のEPR二基契約にともなって燃料棒製造の技術提供をする契約をし、二〇一〇年十一月にアレバと中国のCAST社は、互いに半々の出資で核燃料棒につかうジルコニウムのチューブ生産会社を発足させた。同じ年にさらにこのコンソーシアムは燃料棒リサイクルのための共同作業をする契約をし、実験用使用済み燃料再処理工場を建設している。つまり、中国は着々と自国だけで原子力発電所の炉の設計と建設技術を確立し、さらには、核燃料棒の生産、廃棄燃料棒の再処理まで、つまりアレバに匹敵する原発デパート、原発大国へと成長しつつあるのだ。

しかも、アレバはいま内モンゴル「バオト（Baotou）」で発見されたウラン鉱脈の近くで、核燃料棒生産組み立てライン工場建設を支援中だ。

フランスが中国の要求に妥協した理由は簡単。フランスの原発建設は一九五〇年代から始まるが、一九六〇年代に稼働が始まった原発のほとんどは一九八〇年代にすでに閉炉となっている。

現在稼働中五八基のうち耐用四十年という規則に従えば二〇二二年には二二基が廃炉になることがわかっていたからだった。その二二基が供給してきたエネルギーを、世界で最も安全と宣伝してきた新たなEPRで補う予定だった。だがフランス国内のフラマンヴィルで建設しはじめたEPRはもちろん、国外で建設中の三基、ことにフィンランドの一基は二〇〇五年に工事が始まり二〇一三年に稼働予定だったが、まだ見通しは立っていない。しかもイギリスで建設予定の二基もまだ建築許可がでたわけではない。

かくしてロヴェルジョンは、たとえ実験用であってもフランスの将来をかけたEPRの建設実数を増やそうとして中国への技術提供にふみきった（二〇一三年末現在、アレバ製EPRはまだ一基も稼働していない。福島後に新たに追加された安全基準を満たすため、と言われているが、基本設計に問題があった、とも。フラマンヴィルの稼働予定は二〇一六年という）。

ロヴェルジョンは解雇直後に発表した自叙伝『抵抗する女』で、解雇の背景には、サルコジのエネルギー政策人事に反対したから、そして彼女とその夫が取り仕切ったウラン鉱山への出資を大げさに不正と暴いたからだ、と憤慨している。自叙伝の出版後に週刊誌『レクスプレス』（L'express）のインタビューでもサルコジがいかになりふり構わず原発を輸出しようと画策してきたかを激白しながら、そのやり方に正面から抵抗したから解任された、とも語る。原発を輸出してもいい国といけない国がある、というロヴェルジョンの不思議な意見をインタビューから再現してみよう。

サルコジとの失敗――『レクスプレス』(L'Express)二〇一二年十一月四日

問：サルコジとの会談で貴方は何を話したのですか？

L：まずやったのは、原発について信ずべき直感をわからせようとしたのよ……だけどサルコジは五つの失敗をしたわ。サルコジの失敗の第一は、ブイグ社（不動産、建設、電信、鉄道を手がける巨大民間会社）の利益のためにアレバとアルストン（鉄道、発電送電企業。ブイグ社が三〇％の株主）の合併を推進したことね。実現しなかったけど、一年半もかかったこの合併劇のせいでフランスの政策不信がつのり、その結果シーメンスが去ったのよ……。

第二の失敗は、フランスの原子力事業の国際的な信用を下落させたことよ（フランスの電力公社EDF社長は中国製の原子炉を外国に販売しようとした）。

第三の失敗は、ヴェオリア（Veolia）社（汚水浄化専門の企業。福島の汚染洗浄にもかかわっている）社長の任命ね。

第四の失敗はサルコジが仲間だけに権力ポストを割り振ったこと。その結果が安ものの原発を国際的に流通させるという結果を招いたのよ。しかも我々が知的所有権をもっている国際的な原発技術をたとえば中国に移管したことね。しかも原発を理性のない国家に売ろうとしたことよ。

問：具体的にだれのこと？

L：例えば、カダフィー将軍。私達はその点で正面から衝突したのよ。カダフィーが原発を買いたいといっても、私は頑として反対したわ。国には責任があるってわけでしょ、ところが呆れるほどのこんな狂気を（サルコジは）本気で考えていたのよ。もしもそんなことが現実になったら、いま私達ってどんな風にみられるかわかったものじゃない。原発を売るということは、問題が起こったら必要な時にはそれを停止する権限と信用という責任も同時に担っているのよ。……（二〇〇七年、サルコジはカダフィーに海水の淡水化のためという口実で原発をリビアに売る交渉をした。ロヴェルジョンは二〇一〇年にもエリゼ宮で同じ話題がでた、と激怒）。

問：五番目のサルコジの失敗は？

L：彼ら、ＥＤＦ（フランス電力公社）の考えってアレバの商品を売るってことなの。ルノーの競争相手にミシュランのタイヤを売るようなものよ。ＥＤＦが売ってもいいのよ。彼らの利益のためなら、ロシアや中国の原発を。だけどそれってなんと破壊的で無秩序なことなの。彼らのやることすべては、それまで機能していたシステムを戦略的に壊そうとしたのよ。

そのやりかたって、再生可能エネルギーでも同じってこと（二〇一一年、洋上風力発電の公募があった。その公募を勝ち取ったのはサルコジの側近が運営する企業だった）。

問：サルコジ個人の政策が悪かったの、それとも政府が長いあいだ機能しなかったの？

L：フランスに世界をリードする専門的な産業があるとすれば、それは原子力、通信、高速列車、航空産業ね。それらには長期を見通せる経済産業戦略があったからよ。国にはそれらを担う企業との長期的な戦略があったのよ。コジェマとフラマトムが合併してアレバができたのもその一つ。二〇〇三年に国は賛成したの。私達は世界一になろうとしていたわ。だからその時私はこの企業発展のために主として国内への投資と人材を主眼とする、必要な投資リストを作ったのよ……（以下、略）

だがロヴェルジョンの提案はことごとく否定、無視され、サルコジの新たな人事に翻弄され、本人が解任されるというドラマとなって、インタビューは終わる。サルコジ大統領（当時）がカダフィーになりふりかまわず原発を売りたがった話にはあきれるが、ロヴェルジョン解任の決定的な局面は二〇一〇年、アラブ首長国連邦というフランスにとっては負けるはずがない場で原発の受注ができなかったことにある。入札で勝利したのは韓国企業連合だった。韓国は総額四〇〇億ドル、フランスは七〇〇億ドル、日米は九〇〇億ドルを提示した、という。確かに日米の半額以下という安さだが、ロヴェルジョンの発言のように、韓国製は安かろう悪かろうではなかったようだ。契約相手国に、万が一発電所が稼働しなくなった時の損失を六十年間政府がギャランティーする、という契約内容だったから成功した。どの保険会社も原発を顧客にすることはない。

だが落札に失敗したフランスつまりサルコジ側はアレバが、中型の原発を開発しなかった、開発の舵取りを間違えた、と非難をあびせ、ロヴェルジョン更迭にふみきった（この入札に三菱重工はアレバとコンソーシアムを組んで参加している。だから負けたのは仏一日だった）。

アレバの不安とドイツ、シーメンスの撤退

ＥＰＲはフランスのアレバとドイツのシーメンスが二〇〇一年以来パートナーを組んで開発してきたものだった。アレバという名前になる以前にアメリカのウエスティングハウスから原子炉設計技術を学んできたフランスだったから、米独仏共同の開発という信用を旗印にしたＥＰＲは、原発ルネッサンス街道を走る、花形選手になるはずだった。その競争のまっただなかでドイツが抜けた。アレバにとって打撃は大きかったはずだ。

シーメンスがアレバとの合併から撤退したのは二〇〇九年四月だった。ドイツの脱原発宣言より二年も前のことだ。シーメンスは原子力発電が利益にならない、と判断した。元社長ロヴェルジョンはアレバとＥＤＦ（フランス電力公社）の内部紛争の結果フランスが信用をなくしたからだ、と断言していたが、国内のイザコザが直接のひきがねになったのではないだろう。

二〇〇九年という年は、エネルギー産業にとって特別の年だった。ドイツの銀行を中核にアフリカの砂漠を再生可能エネルギー発電のセンターにしようという「デザーテック」構想が発足し、シーメンスの参加は当然だった（二〇一二年十一月に撤退）。しかも二〇〇六年から始まっていた「マスダール」計画、再生可能エネルギーだけで運営するアブダビの未来都市計画にも参加して

いた。シーメンスは原発より再生可能エネルギーを選んだのだ。もともとシーメンスがフランスの原発産業と合併したのは、一九八〇年代からドイツでは新規原子力発電建設がなくなり、それまでに建てた発電所の運営管理そして燃料事業だけになり、利益のあがる部門ではなくなっていたからだ。アレバとの合併はシーメンスの原子力部門の人員を削減し、そしてフランスに移動させながらの合理化だったのだ。

ドイツの再生可能エネルギーへの転換は早かった。一九九〇年代から始まっていた脱原発運動は、二〇〇九年に原発稼働期間延長という決定があって緩やかになったものの、福島の事故直後二〇一一年三月十五日に稼働中の七基を緊急停止させ、六月には二〇二二年までに原子炉のすべてを停止させる、と閣議決定し、ドイツは原発から完全撤退することをきめた。その三カ月後に、シーメンスも社会と国家が決めた判断に従う、と原発撤退を表明する。原発は国の経済的な支援が無ければ利益がない産業と判断したわけだ。シーメンスの変わり身の早さは原発に限ったことではない。

だからといってシーメンスがエネルギー産業と無関係でいるわけではない。同社は再生可能エネルギー部門では太陽光、太陽熱発電を国際的に手がけてきたが二〇一二年に撤退し、風力、水力発電を主たる事業ときめた。韓国のサムスンC&Tが手がけるサウジアラビのクラヤ火力とガスの複合発電所のためにタービンと電気系統システムを供給する契約を結び、二〇〇九年から中国に導入してきた風力発電の容量は累計四〇ギガワット以上になった。二〇一一年には上海の海上風力発電所の受注、イギリスの沿岸の世界最大の洋上風力発電所六三〇メガワットのためのタービン三〇〇基納入の契約も二〇一二年七月のことだった。アメリカ、ブラジル、タイ、インド、そしてまもなく日本、とシーメンスのタービンの手がとどかないところはない、といってもいい。いやタービンの製造という巨大なモノを生産する企業から、ソフトな事業へもシフトしているようだ。モノよりソリューションシステムを提供する企業であろうとする。発電所からエネルギーソリューション提案、列車からグリーン交通ソリューションへ、というようにだ。

ドイツも国をあげて中国への進出をはかってきた。その姿に不安を隠せないフランスは、五〇回ちかくもメルケル首相が率いる政治家とドイツ産業界の一〇〇名にちかい団体が中国を訪問し、政府要人と会食する様子をドキュメントで報道しながら、このドイツの努力に比較してフランスは何をしていると、自国の産業を心配する。フランスの心配をよそに、訪中団の中心にいるシーメンスは着々と研究所と工場を中国に建設し、アジアの主要なエネルギー産業拠点として育ちつつある。もちろん、中東のアブダビにある研究所マスダールもまたクリーンエネルギー研究と開発を海外に輸出する基地になる。

多くの男性政治家と実業家を敵にまわしたアンヌ・ロヴェルジョンだが、彼女が残した功績もある。廃棄燃料棒リサイクル事業を公開し、移民の労働者が働くラ・アーグ（la Hague）再処理工場も公開した。

そして再生可能エネルギー部門（アレバリニューアブル）を創設したことだ。アレバにとって中国は再生可能エネルギーでも有力な市場。ことに洋上風力発電にむいた風土とみて投資を始めたのもロヴェルジョンだった。

（アンヌ・ロヴェルジョンは二〇一一年六月末で解任。現在、左翼の新聞『リベラシオン』の監査諮問委員長。二〇一三年五月に〝二〇三〇革新〟というプログラムでフランスの未来をうらなう技術提案委員会の長となった。）

脱原発と言えないフランス社会党議員

社会党のオランド氏が勝利し、原発依存度を二〇二五年までに七五％から五〇％にすると約束したからといって、社会党政権が原発に反対しているわけではない。いや彼らは反対できない。一九七〇年代、石油ショックの時代にミッテラン政権が原発に投資したのは、石油という資源のないフランスのエネルギーの独立が目標だったからだ。以来その理想が変わることはなかった。

もちろん独立という目標から、国の収入源という目標がさらに追加されたが。原発に真っ向から反対を唱えるのは、緑の党より左に組する党だけだ。

二〇一一年十月、緑の党から大統領選挙に立候補した弁護士エバ・ジョリがテレビで放映された討論番組で思いがけない発言をした。

「ニコル・ブリック（Nicole Bricq）が五月に環境大臣（環境・持続可能開発・エネルギー）に任命されたのに、たった一カ月後に解任された理由？　それは簡単。大手石油産業がフランス領ギアナの沖で開発しはじめたシェールガス採掘許可を彼女が取り下げたからよ。大企業のひと声に大統領だって負けるのよ」と厳しい（『ル・モンド』紙二〇一二年六月二十六日）。

解任された環境大臣

環境に関心のあるだれもが驚いた解任劇だったが、ニコル・ブリック（現、貿易大臣）が、オランド当選直後、環境大臣に抜擢されたのは、フランス社会党のほとんどの議員が原子力肯定派である状況のなかで、党内の同僚と対等に正面から議論できるほど、原発にたいして平衡感覚のある人物、とエロー首相に評価されたからだ。

大臣着任直後、彼女の活動は迅速だった。まず、石油資源のないフランスが仏領ギアナの沖で二〇一一年九月に発見したばかりのシェールガス採掘状況を調査し、その作業条件が環境破壊の危険があることを発見して修正を求め、なお開発企業がシェル一社だけでなく他の競合企業も加えるべき、と開発を一端中止した。五月十三日の大臣就任から一カ月未満でこの結論とは驚くべき早業だが、それだけ彼女の環境にかかわる情熱が見える決断だった。シェールガス採掘中止から一週間後、二十一日に突然彼女は環境大臣を解任された。

たしかに『ル・モンド』六月二十六日の記事にはエバ・ジョリの発言の通り、フランス石油企業トタルとイギリスの石油大手シェルが直接大統領と首相に圧力をかけた、とある。フランス社会党は環境より石油企業の利益を優先した。いや、石油のないフランスの国益を優先した。といっても、この解任劇より前に、すでにフランス国内で発見されたシェールガスの採掘には中止命令がでている。中止は選挙公約の一つでもあった。

緑の党の支持をえて勝利した社会党だったが、旧植民地だったら国内とはちがった方針でいいのか、と疑問もわく。現地の雇用と収入につながるから、ギアナ当局からの強い要望があったから、との報告もある。

二〇一三年七月二日。後任のデルフィーヌ・バトー環境大臣解任のニュースがフランスを驚かせた。オランド政権二人目の解任だった。

原発をやめられないフランスの本当の理由

サルコジ時代のある大臣は、テレビ番組F3で司会者の質問に両手を上にあげて、「フランスの仁義からも原発をやめるわけにはいかないでしょ。だってフランスはこれまで世界各国に原子炉を売ってきました。その原子炉を稼働させるには燃料が必要でしょ。燃料棒を耐用年限までの三十年から四十年間供給する、という契約をしてきました。その約束をほごにすることはできません。仁義の上でもフランスは核燃料を造り続ける義務があるのです。いやそのためにもフランスで原子力発電は続ける必要があるんです」と原発継続を強調する。

儲けがなくなるから困るのではなく、相手との約束を守りたいから原発維持という仁義にすりかえる滑稽な説明は、いかにもフランス的だ。やめられない経済状態であることは確かだ。核燃料棒販売の利益は守らなければならないのだ。EPRの先がみえず、韓国やアメリカ・日本連合の企業に原発建設の契約で負け、ウラン鉱山開発でも失敗し、積もり積もった赤字にいまアレバは経営的な苦境にある。

電力の価格もアレバとフランス電力公社（EDF）にとって明るい見通しはない。フランスの会計検査院の試算によれば、二〇一〇年の一メガワットあたりの発電コストは原発が四九・五ユーロ、地上風力は七五から八〇ユーロだった。

電気料金は産業の国際的な競争力にかかわる、と再生可能エネルギーに反対してきたのはフランスの産業界であり、原発推進の理由だった。だがそれも怪しくなった。福島事故の後で要求された安全対策のための費用と、稼働年限を四十年から六十年に延長するための維持、修理、管理費用を加算すれば、原発のコストは一メガワットあたり七五ユーロになり、風力とほぼ同じになる。この試算を見れば、危険を背負って原発を維持する経済的な理由はなにもなくなる。ちなみに、福島後の安全基準にかなうフランス原発の対策費は一〇〇億ユーロ（ほぼ一兆二〇〇〇億円）にのぼる。

ドイツが学んだ福島からの教訓はフランスより多かった。それはもしかしたら、三月十一日にドイツの技術者が現場にいたことと関係あるかもしれない。

3・11、現場にいたドイツ人技術者

クライン孝子はその著書『なぜドイツは脱原発、世界は増原発なのか。迷走する日本の原発の謎』(海竜社、二〇一一年)で次のように書いている。

二〇一一年三月、フランスのアレバ社とコンソーシアムを組んでいたドイツの技術者が一〇名、地震が発生する九日前から東電の要請にしたがって、福島第一原発四号機の「聴音計量器」取り付け作業にとりかかっていた。地震当日の十一日はその取り付け工事の仕上げをし、十二日の東電の主たる役員や社員を前にして試験操作をしながらプレゼンテーションを行う予定だった。

アレバジャパンのホームページを検索して、その細部がわかった。ホームページの記述をそのまま翻訳すれば、つぎのようになる。「当日はアレバ関連の人々一〇〇名以上が日本に滞在していた。そのうち一八名、フランス、アメリカ、ドイツなどの出身者達が震源地で仕事をしていたが、全員無事だった。ただし、現場にいたドイツ人技術者(Areva NDE Solution, intelligent Systemes and Services)の数名は、十三日の日曜日にはフランクフルトに無事帰還している。彼

らは福島第一原発の四号機の停止のための操作を実行した。そこが津波による災害が起こった現場だった。金曜日（地震当日）の夕方には、彼らは原発から四十数キロの所に避難していた」

四号機の停止はアレバの傘下にあるドイツの非破壊試験を専門とする企業の技術者が行った、というのだ。定期点検中だったという四号機を停止する、という表現に問題はあるが、ドイツ人技術者が何らかの安全確保にかかわる処理をしたのは確かだろう。それにしても彼らが二〇キロではなく四〇キロの距離にまで十一日中に避難していた、という事実には彼らの情報が日本から発したものではないことがわかる。もしかしたら、彼らが身につけている基本知識かもしれないが。現場にいた一八名に被害はなかったようだが、専門の技術者として彼らはまさに現場でなにが起こっていたかを詳細に知る立場にあった。しかも彼らの見聞きしたことが国外に流れた正確な情報の原点にもなりえたのだ。

筆者はパリで福島の災害を知った。フランスのテレビ局は異常と思わせるほど津波より福島の爆発現場を長時間にわたって報道し続けた。十二日にはすでに水素爆発による放射能は危険な状態と説明し、十四日はチェルノブイリの事故を超える事故レベル七、と解説した。しかもその報道番組で、東京にあるフランス大使館（東京港区）の窓ガラスをすべてテープでシールドし、外気が入らないようにしている、と万全の体制を中継で見せていた。しかも東京にあるフランス大使館は、在日フランス人には水道水を飲まないこと、雨に注意すること、フランス人学校にミネラルウォーターを送り届けたこと、国外避難を、少なくとも関西までの避難をすすめている。アレバジャパンは職員とその家族には九州まで避難することをすすめていた。ドイツ大使館がとった危険回避措置も同様だったにちがいない。

日本の関東地域にまで放射能の危機が迫っていることがアレバにわかったのは、現場にいたフランスとドイツの職員からの報告に信憑性があったからだろう。いやヨーロッパは我々以上に事故の重大性を知っていたのだ。チェルノブイリの教訓が残っていたからだ、という。日本にいた日本人だけが、それを知らなかった。

第3章　原発大国フランスのエネルギー戦略

アレバの再生可能エネルギー戦略

〝アレバは二〇一二年までに、再生可能エネルギーで世界三大企業の一つに躍進する〟と宣言した。

ネスプレッソのコーヒー豆が入っているカプセルに喩えた核燃料棒の販売に苦戦し、なお宣言のように二〇一二年までに再生可能エネルギーで世界三大企業の一つにはなれなかったが、原発以外のエネルギー部門、再生可能エネルギー部門に五つ目のエネルギーストックを加えて年々成績をあげていった。

二〇〇七年にはじまった風力を筆頭に五つの部門の再生可能エネルギー戦略は以下の通りだ。

アレバ・ウインド

アレバ・バイオマス

アレバ・ソーラー
アレバ・水素
アレバ・エネルギーストック
（二〇一三年に水素とエネルギーストック部門が統合され現在四部門になっている）
ウインド、バイオマス、ソーラーは発電を主に収益をあげる部門だが、発電もできれば蓄電にも応用できるエネルギー源である水素、そして電気をためるためエネルギーストック部門を加えたのは二〇一二年になってからだった。
二〇一二年二月、再生可能エネルギー分野でアレバは現在二〇億ユーロ（約二〇〇〇億円）の受注がある、とロヴェルジョンの後任となったリュック・ウルセル社長は誇らしく語る。原子力事業を補うアレバの主力事業になりそうな産業部門、再生可能エネルギー部門にこれほど早く実績があがるとは驚きだ、ともいう。二〇一一年末に一八億ユーロの再生可能エネルギーを受注した、と発表した直後の二億ユーロの受注だった。とはいえ、二〇一一年度のアレバ再生可能エネルギー部門の収益はアレバ全体の三・三％にすぎなかったのだ。
ところが、二〇一三年はじめに二〇一二年度の業績が公表され、前年度比五・三％増という結果だった。驚くことに再生可能エネルギーの分野は飛躍した。二〇一一年度比九二・三％増。収入として五億七二〇〇万ユーロ、約五八〇億円。これは全収入九三億四二〇〇万ユーロのわずか六％にすぎないが、二〇一一年度では総収入の三・三％しかなかったわけだから、前年に比べれば再生可能部門は倍増したことになる。アレバの有力な収入源になる、との見方が強い。むろん海外での、インド、ブラジルとの事業が功を奏した。原発と同じように再生可能エネルギーの分野もまた海外輸出で利益をあげている。

ドイツにも、イギリスにもイタリアにも遅れを取り、発足からたった十年にもならないフランス・アレバの再生可能エネルギー産業が予想をうわまわる好成績をあげたのは、そこに優れた戦略があったからだった。アレバのホームページで公開されているこのエネルギー分野（Renewable energie）の項目から三つの戦略があきらかになる。

国外の優秀な技術と経験をもつ老舗企業を買収するか合弁会社をつくり、自社で成熟していない技術を老舗といわれている企業にまかせること。

アレバが磨いてきた技術、蒸気で発電する技術とその部品の製作（タービンなど）を有効に利用できるエネルギー分野の企業を選び、時間のロスをしない。さらに自社技術を有効利用できること。

外国の老舗企業が受注してきた国々への進出基盤、あるいは契約済の事業をそのまま引きつぎ、有効に使うこと。そしてその後にアレバの技術も売り込む。

つまり、自社内で基礎研究と人材育成をしなければならない新たな技術開発はしない。ノウハウ獲得のための時間をお金で買えば、それでいい。合弁会社をつくれば、その会社の成績はすぐに、アレバの実績となるからだ。アレバにとってエネルギーとは商品であり、それも輸出向けの優れた商品である、と割り切っている。ヨーロッパは国境があっても陸でつながっている。だから電線はやすやすと国境を超えて互いに電力の売買ができる環境にある。不足すれば隣国から買い、余れば売る電線網がある。ヨーロッパを離れた海のむこうの外国企業ブラジルやオーストラリアなどとの合弁は当然、新たな市場獲得をねらった投資であり、技術導入でもある。

二〇〇七年から二〇一三年まで

アレバの公式ホームページ、アレバ・リニューアブル部門には次のような事業展開が紹介されている。

二〇〇七年

＊ドイツの風力タービン企業マルチバード（Multibrid）社の株式を五一％取得。二〇一〇年に一〇〇％を買いアレバの再生エネルギー部門アレバ・ウインドをつくった。

＊ブラジルに四カ所、タイに二カ所、バイオマスのプラント建設の契約。合計六カ所で七〇メガワットを発電。

＊カナダに本拠を置く、ドイツの風力タービン企業Repowerとの合弁会社設立申し込みを始める。

二〇〇八年
＊ブラジル、コブリッツ（KOBLITZ）社を買収してアレバ・コブリッツ合弁会社とする。サトウキビ廃棄物を原材料とするバイオマスから電気エネルギーを生産する契約成立。
＊アメリカ、キンバリーナ・ソーラー・テルマル・パワー・プラント（Kimberlina Solar Thermal Power Plantカリフォルニア）で太陽熱発電二五メガワット稼働。すでにこの発電所の建設をはじめていたＡＵＳＲＡ社に資本投下し、共同事業として展開。
＊ドイツMultibrid経由で、ドイツの洋上風力発電所に五メガワットの風力タービンを納入。
＊アメリカのDuke EnergyとＡＤＡＧＣ合弁会社をつくりバイオマスから電力をつくる契約成立。
＊ドイツのEvonik New Energyと共にバイオガスから電力をつくるプラントの契約をする。
＊ベルギーに、オランダＫＥＭ社と共同で木材を原材料とするバイオマス発電所建設の契約に成功。

二〇〇九年
＊アメリカのDuke EnergyとアレバがＧ併しＡＤＡＧＥ社をつくってアメリカの四州に木材を原材料とするバイオガスから電力を生産する工場建設の契約に成功。

*ドイツMultibrid経由でドイツのGlobal Tec1 Wind farmに八〇基、七億ユーロ以上の風力発電タービンを供給する覚え書を交わす。

*ドイツで最初の洋上風力発電所Alpha Ventusにアレバは発電機を設置。

*インドのAstonfield Renewable Resources Limitedとバイオマスプラント建設のためのパートナーとなる合意。

*ドイツの洋上風力発電用のローターブレード生産会社PN Roter GmbHを買収。

二〇一〇年
*アレバはヨーロッパ、北アメリカ、東南アジアで、一〇〇カ所以上のバイオマスプラントを稼働または建設し、すでに合計三〇〇〇メガワットの発電をし、二〇一〇年一月にはバイオガスだけで総額二億六〇〇〇万ユーロの受注。

*アメリカの太陽熱発電とスチーム利用の技術をもつＡＵＳＲＡの株式一〇〇％買収に成功。北アメリカ、オーストラリアへの進出基地を確保。

*ドイツMultibridの残り株四九％の取得に成功し、アレバ・ウインドの強化をする。風力発電開発で最も有力な企業の一つとなる。

*ドイツTrianel社に四〇基、五メガワット相当の洋上風力タービンの提供に合意。総額四億ユーロ。

二〇一一年四月

＊オーストラリア、CS Energyのコーガン・クリーク・パワー・ステーションに四四メガワット太陽熱発電所建設の契約に成功。

＊ブルガリアのEnergy Holding Companyとクリーンエネルギー提供の合意書に調印。第三世代の原子力発電所を提供しながら、バイオマスと風力発電への協力にも応じた。

二〇一一年五月

＊ブラジル、バイオマス、コブリッツ社の筆頭株主となる。アレバ・コブリッツの誕生（二〇一二年、アレバは三菱重工と共同でブラジルに原発建設交渉をはじめる）。

＊オーストラリア、CS Energyが運営する石炭火力発電所のコーガン・クリーク・パワー・ステーションに四四メガワットの太陽熱発電所建設の契約に成功。アレバの小型線状フレネル反射器を使い、すでにある蒸気発電所の蒸気発生システムを強化する。

二〇一一年五月

＊フランス国内の企業、GDF SUEZ, VINCIと共同して二〇二〇年までに五カ所、計六〇〇〇メガワットの洋上風力発電所を建設することに合意。

二〇一一年六月

＊スペインIberdrola Renewable社とフランスの沿岸で二〇二〇年までに六〇〇〇メガワットの洋上風力発電所の建設契約に成功。タービンはアレバ社が提供。Iberdrola Renewableはイギリスを中心にヨーロッパで洋上風力発電の実績をあげてきた企業。

＊オーストラリア政府が推進する太陽熱発電プロジェクトに参画。Solar Dawnで二五〇メガワットの太陽熱と天然ガスのハイブリッド発電所の建設を提案（二〇一二年この計画は予算の関係でキャンセルになった）。スペインのイベルドローラと共同して洋上風力発電建設に合意。フランス国内でバイオマス一億五五〇〇万ユーロを契約。七月。アレバは洋上風力発電機四〇〇メガワット八〇基の設置をドイツのGlobal TechI社と契約した。

＊九月、オランダのバイオマス発電所センターの企画と建設、四九メガワットの契約を勝ち取った。

二〇一二年一月

＊フランス政府が公募した洋上風力発電にコンソーシアムを組んで参加。

＊コルシカ島にミルト・プラットフォーム（MYRTE platform。蓄電のためのプラットフォーム）を建設。アレバが水素を蓄電素材として使う実験のはじまり。

＊アメリカ、カリフォルニアのTucson Electric Power（TEP）とパートナーを結んで五メガワットの太陽熱発電用のブースターを供給。

二〇一二年三月

＊ドイツのTrianel風力発電所にそれぞれ五メガワットのM五〇〇〇のタービンを四〇基、四億ユーロで納入契約。

＊タイのユートン・バイオパワーと九・九メガワットのバイオマスプラントの契約。六〇〇〇から八〇〇〇戸の電力をまかない、二〇一三年末に稼働。

＊二〇〇九年からすでに稼働しているアメリカカリフォルニアの太陽熱発電所で、二〇一〇年にアレバは小型線状フレネル反射器（Compact Linear Fresnel Reflector、CLFR）を使って建設した五メガワットの設備が、二〇一二年五月にトッププラント賞を獲得。

二〇一二年四月

＊インドのRelianceグループと二五〇メガワットの太陽熱発電所の建設契約。アジアでは太陽熱で最大の発電所となる。インドは二〇二二年までには二万メガワット発電量を拡大する計画がある（二〇一三年一月、アレバはインドと二基の原発建設を契約）。

＊アレバが買収したアメリカのアウスラ社が研究していた方式の太陽熱発電装置、四四メガワ

ット相当の発電所の契約が成立。オースラリアのコーガン・リークで建設。

二〇一三年四月

＊アメリカのミネソタ州、プレリー・アイスランド（Prairie Island）に蒸気用の発電機を売却。

＊シンガポールにアレバ再生可能エネルギーのプラットフォームを設立。東南アジア、インド、南太平洋地域などのビジネス開発拠点にする。

二〇〇七年から二〇一三年まで、アレバはヨーロッパ諸国、ドイツ、オランダ、スペイン、ブルガリアの企業と契約し、そして海を越えてアメリカ、カナダ、ブラジル、インド、オーストラリアへと再生可能エネルギーのビジネスチャンスを求めて進出した。

ところが不思議なことがある。自社で開発してこなかった再生可能エネルギー部門のすべてに参入してもいいはずのアレバだったが、そうはしなかった。契約が成立した再生可能エネルギーのプロジェクトのなかに太陽熱発電はあっても光で発電するプロジェクトはない。

原発といっても湯をわかしてできる蒸気でタービンを回し発電する方法にすぎない。その熱源が危険で制御が困難なウランというだけ。その熱源を発生させるためのプロセス管理をのぞけば、発生した蒸気でタービンをまわす装置は、水力発電でも火力発電でも同じだ。タービンとそれを回す部品の製造、操業と管理技術はアレバがすでに培ってきた技術。だからそれは風力発電にも太陽熱発電にもバイオマス発電にも応用できる。つまりアレバは蒸気をつくって、ダービンを回して発電する方式の再生可能エネルギー産業には参入しても、太陽光から直接発電するパネルを利用するプロジェクトに参加していない。太陽光発電はさほど技術を必要としない。メンテナンスにも専門技術者を必要としない発電だから、アレバが参入しようと思えば時間も投資も低くてすむ産業だ。だからあえてアレバは参入先から外したのだ。

出遅れたソーラーパネル

フランスでの最初の小さな民間企業である太陽光発電事業、ソーラーディレクト（Solaire direct）社が誕生したのは二〇〇六年だった。ドイツに三十年以上も遅れている分野だ。フランスで初めての「フランス国立太陽エネルギー研究所」ができたのも二〇〇六年だった。とはいえ、石油ショックがはじまった一九七〇年代にはスペインとの国境近くのオデイヨで太陽熱利用の巨大な反射炉の建設に成功し世界的に評価された。稼働初期にはどれだけ太陽熱から高い温度をとりだすことができるか、が研究の中心だった。

温度からエネルギー利用に舵をきったのは一九八〇年代になってからだ。テミス（Thémis）という太陽熱と太陽光発電を複合したユニークな発電実験装置がピレネ・オリエンタル地方にできたのも一九七八年だったが、やがて石油価格が下がるにつれて関心がうすれ、稼働は中止された。有望な太陽光発電パネル生産企業フォトワット（Photowatt）も一九七九年にフランスで生まれたが、二〇一二年に中国の低価格パネルに市場をうばわれ、フランスの国営企業であるフランス電力公社（ＥＤＦ）に買収されることで息をつないだ。

太陽光発電は、第一次石油ショック、第二次石油ショック、そして二〇〇三年のイラク戦争、と基本的には原油価格に翻弄されてきたが、同時にやってきた地球温暖化への危機感が再生可能エネルギーへの関心を高め、二〇〇三年にやっとオデイヨとテミスは見直される、という経過をたどった。フランスは太陽エネルギー研究では世界の先端を走っていたはずだったのに発電パネルをつかった発電方式では遅れをとってしまったのだ。

二〇一〇年になってフランス石油大手企業トタル（ＴＯＴＡＬ）社が、アメリカの太陽光発電では老舗のサンパワー（二十五年前からの操業）を買収することで、やっと大規模な開発ができる基盤を固めた。アレバではないが、それに匹敵するフランスを代表する巨大な企業トタルに太陽光発電部門をまかせ、フランスは太陽光パネル産業部門で海外への進出を果たした。フランスの二つの巨大なエネルギー産業は互いにかかわる分野を住み分けた、といえるだろう。

ホームページで公開したアレバ・リニューアブル部門に公開されたプロジェクトだけでも、その投資規模と分野と投資先の多様さに驚かされるが、アレバのこの事業展開の裏側には原発だけに頼ってはいられない、という本心が隠れている。

ドゴール政権時代に最初の核実験に成功し「国防なき国家に独立なし」と独立のために「核抑止力堅持」が謳われた。冷戦後に実験は停止されたがミッテラン社会党政権も抑止力としての核を堅持し、なお原発はこのミッテラン社会党政権時代に急増した。一九七四年に「フランスは消費エネルギーの六七％を石油に依存している結果、最近の石油価格高騰の深刻化が顕著だ。政府は国民の安全保障と消費エネルギーの価格低減のために、原発に関する重要計画に邁進する」と産業省から「ドナルド報告」が提出され、原発の必要性とエネルギーの独立を説いた。ここまでは、どの国であっても原発推進に共通する論理だが、この後で「ドナルド報告」では、事故ゼロはありえないことを前提に「安全と放射能からの保護」に関する記述がつづくのだ。だから万一のために原発周辺の住民にはヨード剤を配布する、という住民の安全のための配慮も欠かさなかった。

〝エネルギーの独立〟という理想のために走ってきた原発は、たとえ福島の災害が起こらなかったとしても、いずれゼロになる日がくることがわかっているのだ。

世界一の原発大国フランス。だから当然国民一人当たりがかかえる原発のゴミの量は世界一にまちがいない。廃棄核燃料棒の処理にあたる工場などの危険な現場で働く労働者はルーマニアなどの外国人労働者であることに批判もある。しかも現行の規定、原発の耐用年限四十年に従えば、二〇二二年末までに五八基ある原発のうち二二基が廃炉においこまれる。だから、もしも現在の原発による発電量を二〇二二年までそのまま維持しようとすれば、第三世代の原発ＥＰＲを一一基も建設し、いや稼働させせなければならない。すでに建設をはじめた国内そしてフィンランドでの経験から、投資額でも時間的にもEPRを一一基建設するのは困難であることがあきらかになっている。もちろんフランス国内で用地を確保することなどできないだろう。だとすれば現在稼働している原発の耐用年限四十年をのばすか、原発以外のエネルギーを見つけるしかないのだ。

問題はまだある。燃料ウラン入手の不安定さ、原子炉閉鎖後の跡地利用、放射性物質の管理と保管、それらは半世紀以上の経験と研究があってもいまだ解決策はみつかっていない。

いや原発を維持している国も、脱原発を選んだ国も、はじめから原発を建設しなかった国も、ヨーロッパ諸国（EU）のエネルギー政策はそろって同じ問題をかかえ同じ方向をむいている。始めから原発を建設しなかった国でも大陸の国境の向こうの危険に直面しているのだ。

あたりまえだが、安全で充分な量の発電システムがあれば原発に頼らなくてもいい。だからフランスはとりあえず化石燃料そして再生可能エネルギーに頼りながら、国をあげて脱原発のための研究と開発に積極的に取り組もうという方向をさぐってもおかしくない。

だから、アメリカが原発産業再開を宣言し、そのための国際的なグループを組んだ二〇〇七年に、フランスのアレバは一方で「原発ルネッサンス」を謳いながら収入源として、輸出産品としての原発を中東とアジアに売り、もう一方で再生可能エネルギーへの投資に乗り出した。そのきっかけはドイツの動向が気になっていたからだ。

驚かせたシーメンスの決断、原発は過去の技術

ドイツはチェルノブイリ事故の年から脱原発にむかって歩き始めていた。科学技術や産業活動にかかわる出来事だったら、フランスはドイツに比べて進んでいるか、遅れているかを比較するのが常だ。不思議なことに同じ隣国であってもイギリスを比較の対象にすることはあまりない。国境を接しているドイツはフランスにとって歴史的にも別格な存在のようだ。ドイツに負けたくないという意識がある。

現在稼働しているドイツ国内の原発一七基を自らの技術ですべて製造したシーメンスが、みずから原発をつくることをやめ、後退するのが不可解だったにちがいない。シーメンスはフランスのように自国で需要がなければ国外に販売すればいい、といった問題解決はしなかった。原発は過去の技術であり歴史にすぎないと宣言しつつ、シーメンスは再生可能エネルギー、そして健康産業に進出すると宣言し、フランス側を驚かせた。ドイツはフランスが思いつかない解決策を見つけたにちがいない、と不安がつのってもおかしくない。

二〇〇〇年六月にドイツの電力企業四社は、「電力業界は、原子力発電を廃止するという連邦政府の意向を尊重する。一基の原子炉の運転期間を、基本的に運転開始から三十二年間に限る」とシュレーダー政権との合意に達していた。ドイツの「緑の党」が国民の声を背景に、反原発を

掲げて政界を揺るがしていたのは確かだが、電気産業界の全てがそろって脱原発を冷静に受け入れるとは、予想外でもあった。もちろん稼働中の原発はそのまま運転してもよく、点検のための停止期間は三十二年という耐用年限に加えないという条件が、当時の電力業界を安堵させたからだった。

つまり原発停止までの間に時間的な猶予があり、それまで原発にかわる産業分野に進出する準備ができるからだ。

シュレーダー政権の提案を受けてシーメンス社はすぐ二〇〇一年に原子力部門を国外に移した。

「アレバ」という会社は、需要が激減していたフランス電力公社の原子炉プラントを生産していた「フラマトム」と核燃料棒製造の「コジェマ」が合併し、同じくドイツで原発の将来がなくなったシーメンス社の原子力部門、この三社が一つになって造った企業名だ。「アレバ」はフランス原発産業にとって希望の星だった。シーメンスの技術者と共同ではじめた第三世代の原発EPRの開発は、アレバが世界に飛躍する有望な新商品になるはずだった。

引き際が見事、あるいは逃げ足が速い、利益がどこにあるかの機を見るに敏、と評価されているシーメンスだが、原発からの完全撤退には世界が驚いた。フランスのアレバとの契約違反の賠償金を支払ってまでの撤退だったからだ。

砂漠のエネルギーを狙う――ドイツとフランスの「エコ植民地主義」

シュレーダー政権の決断からまもなく、二〇〇三年にドイツの銀行を中心とする企業連合が「デザーテック」を計画しはじめた。それは原発にかわるエネルギー源をサハラ砂漠に求める計画だった。デザーテック財団は「六時間あれば人類が一年間に消費するエネルギーを、砂漠は太陽から得ることができる」と各国の資本家あるいは企業に資本参加を呼びかけた。それはアフリカ地中海沿岸の国々にひろがる、サハラ砂漠に太陽光を利用する発電所を、その沿岸に洋上風力発電所を設置し、そこから電力をヨーロッパ各国に送ろうとする壮大な計画だ。二〇五〇年までにはヨーロッパで使う電力需要の一五％を砂漠からのエネルギーでまかなおう、というもの。二〇〇九年十月に運営会社ＤⅡが設立された。

とはいえ砂漠という住人のいない未開の地を征服して利益につながるものにしようとするのは、いまなおヨーロッパ人の夢なのだろう。

だがかつての植民地だった国々を含み、ドイツ銀行を中心とするこの計画にフランスは好感をもたなかった。対抗策としてサルコジは「地中海ソーラー計画（ＭＳＰ）」を二〇〇七年の大統領選挙のスローガンにし、当選後二〇〇八年にこの実行組織をたちあげた。目的は、地中海に面している国を束ねて配線網を建設する「メディグリッド」をつくり再生可能エネルギー、主として太陽光と太陽熱発電による発電網を建設することだった。まずかつてフランスの保護領であり比較的政治的な問題がすくないモロッコでの大規模な太陽光発電に目標を定めた。

フランスとドイツ、この二カ国が互いに競いあう発電事業について二〇一〇年二月に、ミュンヘンに駐在するアメリカの外交官は、ワシントン宛に「デザーテック」について次のような報告をしている。

「デザーテック」でいま問題になっているのは予算でも技術でもない。政治的な障害だ。太陽光、風力、水力、バイオマス、地熱、を使うことになっているとしても、太陽熱発電が中心になっているようだ。でも設置する場所は政治的に不安定なところだ。「デザーテック」の成功は、この企画を受け入れる北アフリカの国とフランスとの政治的な障害を乗り越える交渉にかかっている。フランスが原発を選択しているとはいえ、フランスの電力産業を説得してデザーテックに参加させれば将来は明るい。

アメリカ高官の指摘は、いうまでもなくヨーロッパ諸国が国境をこえてアフリカ諸国でアフリカのためだけでなく、ヨーロッパのための発電事業をおこすことが、どれだけ複雑な問題を含んでいるかを警告する。このレポートの数週間後、フランスの巨大なガラス産業サン・ゴバンは「デザーテック」に参加した(サン・ゴバンは、廃棄燃料処理をして固めるガラスそして太陽光発電パネルのためのガラス素材を供給する企業)。だがアレバを中心とするフランスの電気産業各社(ADF, Alstom, EDF, GDF Suez)などは、まだ二〇一〇年にできた地中海沿岸諸国で再生可能エネルギー網をつくる「メディグリッド」に参画しているだけだ。「デザーテック」は設備を、「メディグリッド」はアフリカからヨーロッパにむけての送電網を建設しようとするのが目的だから両者はライバルであると同時に友人の関係にあるといってもいい。だが二カ国がエネルギー問題で正面から衝突しないように、互いのメンツを立てる政策だろう。

砂漠のエネルギーをヨーロッパに送電というフランスとドイツを中心にして、再生可能エネルギーについての壮大な計画が始まってまだ数年。とはいえアフリカのサハラ砂漠に降る太陽の光線をつかう発電計画は、それまでヨーロッパ諸国がほしいままにしてきた石油やガスの次に、今度はアフリカに降る太陽光までを略奪するのか、という不信感をいだかせても仕方がない。たとえ、発電所を設置した国々にも電気を供給し現地産業の発展と住民の生活向上に寄与する、という受け入れ国との契約があったとしても。ヨーロッパのエコロジストからは「太陽新植民地主義」、あるいは「エコ植民地主義」、「緑の植民地主義」などと批判されても当然だろう。「砂漠に住む数多くの民族とアルカイダを無視してはこの計画は遂行できない。かれらはやすやすと電線を切る」との警告もある。

ヨーロッパ諸国内で、それにもましてアフリカ諸国とも複雑に利権がからみあうこのエネルギー計画は、アラブの春から目に見える力になってきたアフリカ地中海沿岸諸国のイスラム原理主義者によるリスクも浮上し、計画の見直しを迫られるはずだ。どちらにせよこの計画はEUが目ざしている京都議定書にもとづく、気候変動にたいする解決策に役立つように計画している事は確かだ。

つまりヨーロッパ諸国はアフリカから再生可能エネルギーを購入することになる。その結果購入する電力量だけヨーロッパ国内で発電しないから、ヨーロッパ内でのCO_2排出はゼロになる。ヨーロッパ諸国は温室効果ガス排出をアフリカに移すことになり、しかも排出権をアフリカ諸国から買うこともできる、という巧妙な作戦でもある（EUは温室効果ガスの排出量を二〇二〇年までに二〇％削減する〔対一九九〇年比〕、EU全体の最終エネルギー消費に占める再生可能エネルギーの割合を二〇％まで引き上げる、エネルギー効率を二〇％向上すると決めた）。

「マスダール」計画

もう一つの砂漠のエネルギー利用計画、「マスダール」計画の発足は二〇〇六年だった。アラブ首長国連邦、アブダビの近くの砂漠にできるこの都市は再生可能エネルギーだけで運営され世界で最初のゼロエミッションの都市になる、という。都市計画の策定者はイギリスのノーマン・フォスター。イギリスやオーストラリアなどアングロサクソン系の銀行や企業が主として参加し投資しているこの一〇〇％人工的な都市は、二〇二〇年完成予定が大幅におくれて二〇三〇年ころになるかもしれない、という。産油国自身が石油で得た膨大な資産をつかいながら、石油枯渇の前に始めた計画だったが、太陽光発電による電力供給は市内の装置からという計画をとりやめて、郊外の発電所からの供給に、運転手なしで自動運転で動く超ミニサイズの市内専用電気自動車も計画から消える、など二〇一一年ころから修正が相次いだ。アメリカとヨーロッパ諸国の経済的理由が原因で、「マスダール」に参入する企業が予定通りに集まらなくなったからだ。ところが興味深いことに、ドイツ・シーメンス社がこの都市に中東本社と研究所を完成させたことだ。原発は過去のもの、とするこの企業は再生可能エネルギー研究の実験にとっても、自社開発の装置の販売拠点としてもこれほど将来的に可能性の高い場所はない、と判断したのかもしれない。もちろんシーメンスは「マスダール」への風車供給契約を済んでいる。

「マスダール」は単なる都市計画を実行に移すだけの事業体ではない。再生可能エネルギーにかかわる国際的な事業にも積極的に投資する。「マスダール」は中国の風力発電開発企業に一五〇〇万ドルを投資し、「マスダール」に建設する太陽光発電パネル一〇メガワット分は中国大手のサンテック社の製品、というように。

第4章　ヨーロッパの不安

放射能より海面上昇

ヨーロッパが共同して環境問題に立ち向かおうとしたのは、一九七三年のオイルショックがきっかけだった。第四次中東戦争が起こり、先進工業化諸国が決めていた石油価格を中東の産油国自身が決めはじめた結果、石油価格はあっという間に高騰したからだ。その打撃をなんとかしようと、欧州委員会は「環境行動計画」をつくり、石油を安全に輸入するための方法を考えた（当然オイルショックは、エネルギー不足解消のためにヨーロッパと日本の原子力エネルギー依存に拍車をかけた）。欧州委員会は第一次案、二次、三次……七次案と二〇二〇年までの行動計画を提案し続けてきた。

注意すべきは、環境という言葉がついていても、その基本にあったのはヨーロッパ諸国の経済発展のためにどのようにエネルギーを確保するかが主な目的だったことだ。需要増大がみこまれる石油、ガス、つまりエネルギーの供給安全の保障をしながら、国際的な競争力を強化するには、ヨーロッパ諸国が互いに何をすべきか、が主たる行動目標だ。たしかにその背景には七〇年代にヨーロッパでは国境を超えて酸性雨が森林をおびやかし、八〇年代に発見された北極のオゾンホールもまた地球規模の問題と認識され、陸でつながったヨーロッパ諸国は共同して環境問題、公害問題にたいして行動をおこす必要を感じたようだ。

だが産業がおこした公害であっても、大気や水の汚染防止ができる機器の開発や、その結果、公害対策を専門にうけおう産業の発展、雇用の促進という条件がみえはじめると、大気汚染防止、資源の管理、自然乱用防止、などなど環境の保全という思想が経済発展とペアになって一九九〇年代に行動計画にもりこまれることになる。エネルギーの確保が中核にあるわけだから環境保全の条項では原発の現場で働く労働者の安全と廃棄核燃料の扱いに注目しているだけで、原子力発電所の安全基準についての議論はない。

二〇一二年に発表された最新の第七次案でも地球が支えうる限界におさまる自然保護、持続可能な成長、雇用の創出、欧州の繁栄と健康などが主眼で、原発が放つ放射能という環境汚染などへの配慮は七〇年代とかわることはない。

とはいえ、欧州共同体が原子力エネルギーの安全にかかわってこなかったわけではない。ＥＵの「環境行動計画」ができるのと同時に「欧州原子力共同体（ＥＵＲＡＴＯＭ）」もできた。これも原子エネルギーを無限でクリーンなエネルギーと解釈し、その研究と開発の結果、環境保全に貢献し、ＥＵを構成している各国の経済的な発展に寄与するため、という目標があった。二〇一一年、福島での原子炉メルトダウン後の会議でさえ、EU内の原発の安全性評価（ストレステスト）を実施することになったが、それもまたテストは加盟各国の自主性にまかせる、という結論にしかならなかった。つまり、原発を推進する国と脱原発国家との間の調整がつかず、EUという共同体がすべての加盟各国に対して安全義務を課すことはできなかった。国際的な機関の機能不全は原発だけにかぎったことではないが。

ところが不思議なことに環境保全のための行動のなかでEUが原発の安全性よりはるかに真剣に取り組んでいることがある。それは地球温暖化防止のための政策だ。世界の平均気温を産業革命以前の水準と比べて、摂氏二度を超えないようにしよう、というのが最初の基準だった。その基準を超えると地球に取り返しがつかない変化が起こるからだ、という。その温暖化にヨーロッパが注目するきっかけになったのはアメリカのJ・ハンセンがチェルノブイリ事故から二年後の一九八八年に「地球温暖化発言」をし、温暖化の危機を叫んだ時からだった。犯人はCO_2と名指して。

それは二〇〇七年に始まった

CO_2削減こそ地球規模で取り組まなければならない、という取り決めができたのは一九九〇年代だった。温暖化という言葉が踊り一九九七年の京都議定書は具体的に各国の削減目標数値まで決めた。たしかに一九八七年にオゾン層破壊が問題視され、フロン規制がはじまり、一九九二年のリオデジャネイロでの地球サミットで「気候変動枠組条約」が採択され、CO_2などの排出規制ができていた。それにもまして地球温暖化という危惧が市民のレベルにまで一挙に浸透したのは、二〇〇六年にゴア元アメリカ副大統領がつくった映画『不都合な真実（An Inconvenient Truth）』がきっかけだったにちがいない。だれもが崩れ落ちそうな氷山の上の熊に胸をいためたのだから。

興行収入はともかく二〇〇七年に世界をかけめぐったこの映画は、アカデミー賞、長編ドキュメンタリー賞、ゴア自身にノーベル平和賞、など輝かしいデビューを飾った。だがこれほど原子力発電推進にとって追い風となる映画はなかった。まさに原発の発電時CO_2ゼロという側面だけをみれば優秀な大型エネルギー源だからだ。日本の子供が学ぶ社会の教科書にCO_2の排出量を表す三角形の頂点に最も少ない面積で〝原発〟とあり、底辺の最大面積が〝石炭〟という図が掲載されていたように、CO_2を温暖化の犯人とみなせば、発電時にCO_2をださないクリーンなエネルギーを日本はもちろん世界も歓迎した。だが映画『不都合な真実』は元副大統領ゴアがアメリカの原発推進に呼応して描いたドラマにみえてくる。映画が公開された年の前後を振り返ればアメリカ、フランス、日本、と原発を産業として輸出しようとする国家が同時に足並みそろえて行動しているのだ。

例えば二〇〇五年にはブッシュ政権下で原発建設への優遇税制や融資保証などをエネルギー法

に盛り込み、二〇〇六年に「世界原子力パートナーシップ」をつくり石油への依存を減らそうと日本、フランス、中国、ロシアの協力をとりつけ、二〇〇七年に韓国をはじめ他の一四カ国もパートナーになった。

二〇〇七年四月、「世界的な原子力回帰の動きのなかで、米国は原子力推進や核燃料サイクル開発に方針を転換した」と、アメリカの方向転換を説明しながら日本の経済産業省、文部科学省、外務省は、三省連名で「日米原子力エネルギー共同行動計画」を策定している。アメリカでの原子力発電所を新しく建設するための日本とアメリカの間で政策にかかわる政策協調をし、核燃料供給保障にかかわるメカニズムの構築をし、核不拡散の確保をしながら、原子力エネルギーの利用拡大をはかる、というもの。むろん安全と温暖化対策に貢献、といういいわけも盛りこんである。この行動計画のなかに「小中型原子炉共同開発」があることをみのがしてはならない。この時点で日本の原発産業がアメリカとフランスの代理店、となった（この計画は小泉、ブッシュの会談が基本）。

二〇〇六年十月にアメリカのウエスティングハウス（CBSコーポレーション）を東芝が買収し、二〇〇七年六月に日立製作所とゼネラル・エレクトリック社が日立GEニュークリア・エナジーを設立して互いに原子力部門に出資する会社をつくり、国際的な原発産業にのりだした。おなじ二〇〇七年九月に、三菱重工がアレバと一〇〇万キロワット級の中型炉の開発と販売を行うコンソーシアム、アトメア（ATMEA）を設立したのも見逃せない。

イギリスではブレア政権もまた二〇〇七年に政府のエネルギー白書で「原発は温暖化防止に重要な手段だ」と発言し、新たな原発建設を決めた。オバマ大統領も二〇〇八年に「グリーン・ニューディール」という方針をたて、「スマートグリッド」、「ハイブリッド電気自動車」、「原発建設」を景気回復と雇用促進の三本柱にした。

『不都合な真実』は地球温暖化という危機をキャッチフレーズにしてブッシュからオバマをつなぎ、原発推進を国策とする国が「原子力ルネッサンス」に浮かれて、手をつないで原子力発電所を世界中にまき散らす応援映画だった、のではないか。

二〇〇七年とはそんな年だった。巨大な産業、いや巨額の金を目指して、産業界は国境を越えてあっという間に手をとりあって行動するとは驚きを超え、恐怖さえ覚える。政界と経済界が一同に会する国際会議でのロビー活動があるから可能なのだ。

フランスの二〇〇七年

原発大国フランスは一方で原発輸出を推進しながら、もう一方で再生可能エネルギーに膨大な投資を始めたのが二〇〇七年だった。アレバが再生可能エネルギー部門（アレバ・リニューアブル）を立ち上げた年でもある。風力発電のためにドイツのマルチバード（Multibird）社株の五一

%を二〇〇七年（二〇一〇年に一〇〇%）に買いアレバ・ウインドをつくった。同じ年にもう一方で中国に原発EPRを売り込みながら。

サルコジ大統領（当時）が〝フランスは地球温暖化との戦いの最先頭に立つ〟と宣言しながら「環境グルネル法」を成立させた年でもある。その法律には努力目標でしかないが、とりあえず年限を示しながら温暖化要因を減らすために目標とする数値を提示している。

元副大統領アル・ゴアを招いた「環境グルネル法」

「欧州環境行動計画」の提案にならってフランスは、二〇〇七年十月「環境グルネル法」を成立させた（他のヨーロッパ諸国も同じころ、それぞれ自国に都合のいい目標を定めている）。会議最後の日に、アメリカ元副大統領アル・ゴアを招いて、フランスの環境への取り組みを国際的にアピールした。サルコジ大統領の国際的なデビューを飾る儀式でもあった。省エネと再生可能エネルギーの推進を目標に二六八項目の約束を連ねた法律だが、これこそ原発推進との両輪で産業に貢献しようというものだ。二〇二〇年までの目標の要点を記せば次のようになる。

建物

二〇二〇年までにすべての新築建物はエネルギー・ポジティブ（エネル ギー生産量が消費量を超

える）にする義務。すでにある建物は年間四〇万戸を、ＨＬＭ（公営住宅）は八〇万戸を改修して省エネに。国内エネルギー使用量は四〇％を削減し、白熱電球を禁止し、窓には二重ガラスで断熱。

輸送

路面電車の路線を一五〇〇キロメートル、高速鉄道ＴＧＶの路線を二〇〇〇キロメートル延長する。また貨物などは高速道路から水上輸送に変換。クリーンなエンジンや燃費改善の研究を推進。低燃費自動車購入にボーナスをつける。

エネルギー

フランスは再生可能エネルギーで世界一を目指す。成長を持続させるためには原子力維持以外に選択肢はない。だが新たな原発は建設しない。また原子力の研究に一ユーロ使うたびに、他のクリーンな技術にも一ユーロ投資する（『ル・モンド』紙はサルコジの原発発言について「衣裳棚にかくれている幽霊」だと批評している）。

CO_2

非炭素エネルギーの電力の割合を九五％に拡大し、国内のエネルギー効率を二〇％向上させ、炭素への依存を減らす。「汚染者負担」を原則とし、有機農作物のシェアを二％から二〇％に拡大し、学校給食の二〇％に有機農作物を使用。農薬の使用を五〇％削減する。

炭素税について

家庭や企業の負担となる新たな「炭素税」は見送られた。

「環境グルネル法」ができてから四年後の二〇一一年に評価がでた。日刊紙『ル・モンド』の評価は以下の通りだ。

「あれから四年後いったいどうなったのか。失敗だった。エコへの投資には減税がまもられなかった。自動車のボーナスはあまり効果的ではなかった。鉄道の延長は予定通りではなかった。鉄道輸送一八％の目標は一二％だけ。二〇二〇年までに再生可能エネルギーは二〇％のはずだったが、目標に届くどころか、太陽光買い取り価格は定まらない。評価できるのは、庶民が環境に関心をもったこと。政府の広報が功を奏したこと。そして新築家屋の省エネ、五〇キロワット／時は成功した。「環境グルネル法」は緑がかったサルコジをつくっただけだった」と厳しい。

オランド政権の「エネルギー転換」のための提案条項はこの「環境グルネル法」を修正したものだが、サルコジが断言した「成長を持続させるためには原子力維持以外に選択肢はない」という原発推進の声は影を潜めた。

温暖化の恐怖

ヨーロッパは、放射能より温暖化の恐怖に直面しているといってもいい。地震国ではないから福島のような災害がおきるはずがない。だが温暖化で海面の水位があがれば現実的に国土の多くを失ってしまうのではないか、あるいは気候が変われば農業に異変がおこるのではないか、とおびえている。南の島の水没とベニスの水害はすでに報道されているが、ホーチーミン、ジャカルタ、サンクト・ペテルスブルグ、ハンブルグ、アムステルダム、ボルドー、リガ（ラトビア）、ビルバオ、ニュー・オリンズ、などの各都市の水害も無視できない、という。だからCO_2問題を解決、つまり温暖化防止に立ち向かおうとしているのが現状だ。いつ、どれほど海面上昇があるかは、はっきりしない。だがその危機に備えようと準備する都市もヨーロッパにある。CO_2の削減だけで対抗するのではない。もっと積極的に、海面上昇に備えた都市を準備しようというのだ。オランダはもちろん、北欧の都市の地理の欄に、陸面積と海面積、あるいは陸上と水面下面積が併記してあることに驚く。つまり、温暖化でなくても暴風などに対して防衛する必要がある都市はすでに数多く実在する。オランダは「新水路高潮波堤（New Waterway Storm Surge Barrier）」で危機に備えているが、フィンランドのヨーテボリ市もまた温暖化による海面上昇に備えて都市計画を練り直しはじめた。七十年後に一メートル上昇するかもしれない危機をすでに予測して。市は世界八カ国から若手の建築家グループを招き、それぞれにワークショップの形式で未来のヨーテボリ市都市計画を提案させた。このプロジェクトは十年かけて完成させる、という。水害に備える七十年後の都市構想はヨーテボリ市役所の推進事業なのだ（『Nature Climate Change』誌の二〇一二年六月に発表された報告では、現在の温暖化ガス排出のペースが続くと二一〇〇年までに世界の海面は約一メートル上昇し、その後十年ごとに約一八センチメートル高くなっていくと予想している。だがその原因がＣＯ$_2$だけではない、とする科学者も多い）。

第5章　フランスの原発は未来への階段か

社会党・口にだせないゼロ

原発はフランス産業の賭けのようなものだった。ドゴール時代のエネルギー独立のための武器から、もはや大博打のための武器といった気配さえある。日本と似た原発利権にあぐらをかく企業団体はあっても、アレバも電力公社も実質的には国営だから、その運営はまさに政府の方針。それが社会党政権になってから、どこかハギレがわるい。環境大臣に就任したデルフィーヌ・バトーは、環境円卓会議を前にして次のような発言をしている。

「オランド大統領が約束したフェッセンハイムの廃炉は政権満了以前におこないます。その廃炉という破壊を通して先駆的ともいうべき跡地にしましょう。技術的にも社会的にも責任がとれる条件を満たしたうえで。つまり跡地の再利用と、従業員の再雇用を確約する日程をきっちり決めます」、と。ところが内務大臣に着任したばかりのマニエル・ヴァルスは「原発、それは間違いなくフランスの未来への階段だよ」と発言して論議を呼んだ。オランド大統領の方針に真っ向から反対するようなことを社会党議員が言っていいのか、という大衆からの反応だったが、どのみち原発エネルギー依存は七五％から五〇％に削減されるのだから、当然の発言と社会党の同僚達はこぞって彼を援護した。女性の環境大臣デルフィーヌ・バトーの見解も「私達はまだまだ原発のエネルギーが必要です。フランスのエネルギー供給安定のために」と原発ゼロを口にだせない程度だが、原発はフランスの未来というマニエル・ヴァルスのスタンスとはおおきく異なる。この二者の発言の間にオランド社会党政権の原発政策がある。

「原発は本当に危険か」クロード・アレーグル

科学者であり社会党政権下での原発推進をしてきたクロード・アレーグルは、著書『原発は本当に危険か』で福島での原発事故を東電の責任と言いながら、「日本は地震国だがフランスにはそれほど危険な地震はない。フランスの技術者は優秀だが日本には優れた原子力の技術者はいない。フランスの管理は完璧だが、東電は経費を節減してなすべき安全管理を怠った」、などフランス原発の安全を語っている。原発は安全という趣旨の著書だが、どうしてもフランスの原発は、とフランスにアクセントを置く難点がある。この著者は、二〇一一年三月十二日、福島一号機の爆発映像を見ながら、「福島第一原発では、原子炉の温度があがりすぎ、炉心を含む原子炉圧力容器が吹き飛んでしまうことを避けるために、水蒸気を人為的に放出したんです。でもこの水蒸気は一次冷却系から発生したものですから、水蒸気には放射性物質を含んでいます。ですからこのカメラがとらえた放射性雲は、事故の結果ではなく、爆発を回避するために、原発技術者がやむをえないと判断して行ったものです」とフランスのテレビの特番で解説していた。著書にも全く同じ内容がある。

福島の事故当日、筆者はパリにいた。テレビの前で地団駄をふんだ。驚くというより映画の一場面ではないか、と何度もスイッチをつけたり消したりもした。だがフランスのテレビ局は津波による被災地の映像より、福島原発の映像を流し続けた。放水にはじまり、一号機、三号機、二号機、四号機の爆発は生中継だった。驚いたことにテレビ出演している解説者達は、原発にかかわるエンジニアなど専門家ばかりで、福島の原子炉の詳細な図面を用意していた。アレバが日本に燃料棒を売り、そのための日本アレバ社が東京にあるくらいだから、図面があっても当然だが、この手回しの良さは一体どうなっているのか、と狐につつまれた思いだった。連日、福島原発事故現場の映像を中継しながら、特番は数日の間とぎれることなく続いた。それほどこの事故はフランスにとって脅威だったのだろう。アレバはウランとプルトニウムが混合されたＭＯＸ燃料という高いレベルの放射能を持つ燃料棒を日本に売っていたからだ。ＭＯＸ燃料の放射能の量はウランだけの燃料とは雲泥の差がある、という。フランスは世界で唯一この燃料棒を生産する国であり、これまで日本、アメリカ、ドイツ、ベルギーの四カ国が購入してきたが、ドイツ、ベルギーは脱原発を選び、アメリカは自国で生産することになりそうだ。もちろんいま建設中の原発があるイギリス、中国、フィンランドが新たな顧客になるだろうが、アレバの核燃料棒収入は予定通りにはいかなくなった。だから日本の原発再稼働は、フランスのアレバにとって死活問題だった。

クロード・アレーグルはその著書で、フランスの原発では、水の循環装置が二つある。このシステムでは放射性物質は最初の水に含まれ、その最初のシステムで循環する水の熱で二番目の装置にある水を熱して蒸気にし、タービンを回すので、一番目の水が入っている装置が爆発しないかぎり、放射性物資が外部を汚染することはない。福島の装置の水の系統は一つしかなかった。だから放射性物質を含んだ水蒸気が外部に飛び散った〟と二系統の水系がある原発の安全性を強調するが、同時に二つとも爆発したら結果は同じだ。

水で冷却するこれまでの原子炉のために原発の敷地は大河に面しているか、海に面していなければならなかった。だから、フランスが誇る〝安全〟な原子炉には大量の水が必要になる。もしも水不足が起こったらどうなるか、はすでに福島事故で我々は見てきたが、フランスでも水不足がないわけではない。アレーグルはフランスでは二〇〇三年の夏に起こった猛暑の数日間には、「当時の産業大臣だったフォンテーヌは、原発の稼働率を引き下げるよう指示をだしました」と著書であきらかにする。こんなことはフランス人のほとんどが知らなかっただろう。五八基のうち海に面している原発は一四基だけで、あとは川に面している。だから猛暑がやってくれば川の水位は低くなり、水温が上がるのは当然。発電中も燃料棒の処理中にも大量の水が必要な原発は、水なしで稼働はできない。この事実はフランスの原発にとってある種のアキレス腱だ。四五基をかかえるフランスの危険は地震でも洪水でもない、水不足。

原子力についての科学的でわかりやすい解説を試みる、著者クロード・アレーグルは、これから必要なのは省エネです、そのために家庭の省エネが最も効率がいい、と平凡な解答で読者をはぐらかす。さらにインタビューしている記者にむけて、最後に「原子力は恐怖か、という、あなたが一番最初にあげた質問にお答えしましょう。その答えはノンです。平和利用の原子力利用を恐れる理由はまったくありません。キチンと管理することだけが必要なのです」と締めくくっている。だからといって日本の原発の安全を約束しているわけではない。

水が不足したらどうする？　ベッペ・グリッロとジェレミー・リフキン

イタリアのお笑い芸人、ベッペ・グリッロは、二〇一三年のイタリア総選挙で「五つの星運動」のリーダーとなって大躍進した。ネットでデビューしただけに彼のブログはイタリアの政治を打ちのめす小気味よさがある（日本語版あり）。アナログとデジタルという二つの手法を同時に使うベッペ・グリッロは、『第三次産業革命』を発見し、その著者ジェレミー・リフキンへのインタビューに成功した彼は、インタビューでのエネルギーに関わるリフキンの解説を、ブログで紹介した。それは次の通りだ。フランスの原発にも警告を発している。

「第一に、太陽も風も地上のどこにでもある。海には波の力が地下には地熱がある。ミニ・水素エネルギーはどこにでもある分散型エネルギーだ。これからは代替エネルギー、分散型エネルギーに転換しなければならない。全ての建物に発電設備を設置する。

第二に、数百万の建物でエネルギーをつくりエネルギー施設に集める。

第三に、このエネルギーを蓄積し水素で蓄える

第四に、分散型コミュニケーションが　エネルギー革命に向かうとき、第三次産業革命が起こる。インターネットで情報を作り交換するように、自分でエネルギーを生産し、交換しよう。インターネットで情報を共用するように世界のエネルギー網の生産過剰分は〝InterGrid〟で共有しよう。これが第三次産業革命だ。

原発エネルギーは将来意味がない。原子力に投資するのは間違いだ。世界中に四三九の原子力発電所があるが、それらは我々が現在消費しているエネルギーのわずか五％しか生産していない。今現在ある四三九を、今後二十年間稼働できるとしても、消費エネルギーのわずか五％を生産するだけ。原発だったら、せめて消費エネルギーの二〇％をカバーすべきだが、二〇％になるには、三十日ごとに三基の原発を建設し、六十年間かけて二〇〇〇の原子力発電所を建設しなければならない。

我々はまだ放射性廃棄物の処理の仕方を知らない。原発を始めてから六十年。建設当時、『まず施設を建設しよう、そして放射性廃棄物の処分と輸送方法が分かるようになるまで、十分な時間をください』と言った。六十年後に、まだ『我々を信用して欲しい、出来ると思う』と言う。二〇二五年から二〇三五年の間にウラン不足が起これば、この世界のエネルギーの五％を産出する原発四三九の施設も終わりである。隣人と話し合わなければならないのは、水がない！　ことだ。これは電力会社は知っているが、人々は知らない。エネルギーの七〇％を原発でまかなうフランスで昨年消費された水の四〇％は、原子炉の冷却に使用された。二〇〇三年フランスは猛暑で沢山の人が亡くなった。原子炉冷却用の水が十分なければ発電量を下げなければならない。フランスに冷却水がないとしたら、設備を冷やすための水をどこで見つけるのか？」

『エントロピーの法則』『水素エネルギー』などの著書でエネルギー問題の危機を回避する方法を提案し続けてきたジェレミー・リフキンは、「いま情報を分かち合っているように、エネルギーも分かち合おうよ」と発言して情報化社会のエネルギーの行方を示唆している。原発はもはや無意味と言い切り、頑固に維持し続けているフランスの原発でさえ水が不足したらどうする、とこれまで市民には聞こえてこなかった疑問を投げかける。リフキンが警告するように猛暑の日にはフランスの原発は出力を低下させてきたのだ。いや猛暑でなくても夏には冷却のための河川の温度が上がり発電停止をよぎなくされることも多く、ドイツからの電力輸入を必要とし、冬にもまた電力による暖房のスイッチを入れるからドイツからの輸入に頼ってきた。というのは、フランスはガスによる事故と火災を予防するために二十年前から家庭の電化を推進した。だが、その裏には原発で使い道がなくなったガス発電による電力設備を破棄しようかどうか、が問題になった時の解答が、オール電化だったのだ。つまりガス発電所をそのまま利用し、天然ガスの使い道も安定させた、というわけだった。

『第三次産業革命』のフランス語訳出版(二〇一二年)を機会に訪問したフランスで、リフキンはオランド大統領と会っている。その席でリフキンが原発と水のことを語らなかったはずがない。フランスの水素プロジェクトが活発に実験稼働をはじめたり、スマートグリッド配備が本決まりになったり、リフキンの鼓舞があったからこそ、と思わせる「エネルギー転換」政策が具体化しはじめた。サルコジ政権の時代とは様相がことなる。一年にも満たない社会党政権だが、エネルギー政策を目に見える形で広報する手法はいままでにもまして積極的になったようだ。

第6章　ヨーロッパは共同でエネルギーに立ち向かう

ヨーロッパ共同の野心、分散型電源へ

欧州連合は二〇〇八年十二月にエネルギー・気候変動政策パッケージ案を提案した、それは加盟国がそろって二〇二〇年までにCO_2排出量を一九九〇年比二〇%削減、エネルギーの効率を二〇%向上、再生可能エネルギー比率を二〇%増加させようと目標値を定めたものだ。

二〇一〇年十一月、二〇二〇年を目標に、再生可能エネルギー蓄電のためのシステムつくりを構想し、再生可能エネルギー蓄電の可能性を高めるプロジェクト、そしてその貯めたエネルギーの品質を高めるプロジェクトの公募をした。「エネルギー二〇二〇、競争に勝ち、持続可能で、安心の戦略」は欧州が共同で打ち出したスローガンだった。獲得総予算額は二〇〇〇から五〇〇〇万ユーロ（約二〇億から五〇億円）。

二〇一一年三月八日には、「低炭素経済ロードマップ二〇五〇」を発表し、温室ガス排出量を一九九〇年比で八〇%から九五%削減することにした。ＥＵは最初から原発を建設しなかった

国、脱原発、原発維持、と三様のエネルギー政策を実行している国で成り立っている。その三者が、それぞれのエネルギーミックスを選択し、二〇五〇年までにCO_2ゼロを目指そうとする。

その三カ月後の六月に追いかけて「エネルギー効率に関する新指令」を提案した。それは、電力業界や公的機関そして消費者などに、熱暖房システムの効率をよくし、二重窓にし、屋根の断熱をする。公的な建造物はエネルギー効率を良くし、自宅のエネルギー消費がわかるデータが入手できるようにし、二〇一四年から加盟国はそれぞれ省エネのためにすべての建物をリフォームし、加盟国は建物の表面積三％を毎年リフォームすること。加盟国はそのために二〇五〇年までに工事の進み具合がわかるロードマップをつくること、と矢継ぎ早に具体案を提案してきた。

驚くのは、この計画を実行すればヨーロッパ諸国の経済的利益がどのように約束されるか、が議論されている点だ。たとえば早く省エネを実現すれば経済効果がどれだけ高くなるか、さらに「規模による利益が必要」と謳う。つまりそれぞれの国が別々に計画し実行するより、ヨーロッパ全体で行動するほうがコストは低く、エネルギー供給も安定する。だから二〇一四年までにヨーロッパを統合するエネルギー市場をつくる、というのだ。したがってヨーロッパをカバーする蓄電と送配電のネットワークつくりに拍車がかかる。「エネルギーロードマップ二〇五〇」などはヨーロッパが共に世界の先端を走りつづけよう、という経済的な野心を物語るものだ。

フランスの蓄電、水素への取り組み

欧州連合が向かう目標を達成するための具体的な行動は、各国にまかされている。フランスは、安定して一定の電力量が供給できない再生可能エネルギーの弱点を補う、蓄電を技術的にクリアーする研究開発に乗り出した。

欧州連合内の再生可能エネルギーの比率を三四％に拡大させるという目標にかなう効力があるのは風力発電だろう、とだれもが信じてきた。二〇二〇年までに二五ギガワットを風力で発電する目標を掲げたフランス政府だったが、二〇ギガワットを超えれば蓄電システムがなければ効率よくエネルギーが利用できないと判断し、フランス電力公社（EDF）は、ラ・レユニオン（La Reunion）島（マダガスカル島の近く）で風力発電と太陽光発電を合わせて二一〇メガワットの発電所を利用して蓄電実証実験をはじめた。これは、欧州連合が組織した再生可能エネルギー共同基金から出資されている。

コルシカ島でアレバの実験。水素で蓄電——ミルト・プラットフォーム

アレバは積極的に蓄電に挑戦しはじめた。そのためにアレバ再生可能エネルギー部門、アレ

バ・エネルギーストックを二〇一二年に立ち上げたほどだ。電力をストックしておけば太陽にも風にも、時間帯にも季節にも影響されずに電力の供給ができる。フランスが中心になって「欧州エネルギー貯蔵協会」は二〇一一年十一月に発足している。なぜならヨーロッパ諸国で風力発電から得る電気容量が増えるに従って送電網に支障がでるようになったからだ。それほど風力発電が北ヨーロッパ諸国の沿岸に建設され発電量が急激に増えた、ということだが、送電網が繋がっているためヨーロッパ全体で送電をコントロールする必要が生まれたわけだ。

二〇一二年十一月、アレバはコルシカ島で次世代型発蓄送電システム（五六〇キロワット）の実証実験施設、ミルト・プラットフォーム「MYRTE platform」を完成させた。これは中小企業が参画することも考慮されたプロジェクトだ。といっても主役はアレバの子会社ヘリオン社（Helion）。そしてコルシカ大学との共同作業だった。総予算は二一〇〇万ユーロ（約二五億円）。

二〇一二年一月、コルシカ島にコルシカ大学との共同で世界最大級の太陽光発電と水素電池を使ったエネルギーストック可能なプラットフォームが完成した。水素と燃料電池の応用をアレバが民間企業と共同し、自動車業界が推進しはじめたばかりの自動車用燃料電池を視野にいれたものだ。

この施設は基本的に太陽光発電による電力蓄電の可能性を試すためだった。発電された日中の電力は水素と酸素に電解して一〇〇キロワットの蓄電池にストックし、夜間の電力需要が高くなった時に、それと逆の流れで電力として送電する、という試みだ。いまのところ分解の過程で四〇％のエネルギーの損失があるが、それを七〇％まで有効にするために電解の過程で発生するエネルギーを再利用することで解決する予定という。

ミルト・プラットフォームでは太陽光から得たエネルギーが水素に変換され、コルシカ島内二〇〇世帯の電力の安定供給にどれだけ貢献できるかの実験も同時に進行している。三七〇〇平方メートルに、二二〇〇枚のパネルが並び、二年半ほどの作業で五六〇キロワットの太陽光発電所が完成し、アレバが開発したコルシカの蓄電システム網につながった。水素と酸素を貯蔵するタンク二基はそれぞれ九八〇立方メートル。好天だったら、九時間の電気分解で一時間分の電気が蓄えられるという。

施設は丘の斜面を切り開き、半分地下にみえるところに設置されている。コルシカ島の景観を守り、施設の安全を確保するためだ。それまでアレバが水素で発電する装置を製造したのは潜水艦の補助電源のための装置だけだった。再生可能エネルギーに注目が集まり、二〇一一年に大型の蓄電装置の開発をはじめた。二〇〇七年から再生可能エネルギーに投資してきたが、電力の安定した供給が可能にするために必須な開発だった。それをアレバがみずから大規模な実験にとりかかった。

送電がはじまったのは二〇一二年十二月十六日。この五六〇キロワットという電力量では世界初だ。すでに実験段階をこえた成熟した技術になった。次に取り組むのは、この島のような小さな限られた区域に再生可能エネルギーによる電力を安定して提供できる小規模な蓄発電設備を配置し、それらを結ぶ電力網を構築することだ。

アレバの投資はこれからもミルトプロジェクトにそそぎ込まれる予定だ。次のステップはもっと大容量の次世代水素システムを造る。それはアレバがすでに完成させた、グリーネルジー・ボックス（Greenergy Box）と呼ぶコンテナーである。

これは一つの箱に三つの機能が入っている。①水を分解して必要なエネルギー量の水素と酸素に分解する。②得られたエネルギーを外づけの容器に安全に長期に蓄積する。③必要に応じて燃料電池の形で電力あるいは熱としてエネルギーを回収する。

アレバはこの蓄電装置をコルシカ島以外にも展開しはじめた。南フランスの観光地に導入し、新たな展開をみせている。ラ・クロア・ヴァルメール（la Croix Valmert）の街は、バカンスの時期とそれ以外では極度に電力の需要が異なる。そこで街の公共建造物の屋根に三五キロワットの太陽光発電パネルを置き、それをグリーネルジー・ボックスと結んだ。マルセイユでは観光船にも太陽光発電パネルと小型グリーネルジー・ボックスをセットで積載し、一〇〇％エコロジックな運行ができる船が完成している。船舶だけではない。列車などの交通機関にも充分応用可能なことがわかっている。

GRHYDプロジェクト、フランス大手電力産業一〇社で

アレバは革新的な方法で水素を工業的に生産する技術を開発した、と発表した。水を電気分解

するPEM（Polymer Electrolyte Membrane＝高分子電解質膜）という方式だ。すでにドイツでもアメリカでも開発してきた電解方式だが、アレバがいう革新とは何かについての報道はない。あえてアレバがこの水素を商品として提供するのは、特別な配慮があるからにちがいない。水素はいつでもどこでも使うことができストックできるエネルギー源だ。電池という形であれば、このエネルギーは自立ができ、場所を選ばず、長期のストックも短期のストックもできる。しかも水素はハイブリッドというシステムにも適応する。つまり水素とそれ以外のガスを混合させてもエネルギー源となる。水素は気体、液体、個体にもなる柔軟な素材だ。だから電線でもパイプでも輸送でき、個体であれば輸送は長距離でも可能になる。危険といわれてきた水素のあつかいは、どうやら最新の技術革新で手なずけられる方向にむいてきたのかもしれない。

二〇一二年十一月、アレバはフランスの大手電力企業一〇社（GDF SUEZ, GrDF, GNVERT, CEA, McPhy Energy, INERIS, CETIAT, CETH2）と協力して再生可能エネルギーが使われない時間帯の電力を水素に変換してストックする壮大な実験に取り組みはじめた。名前はグリード（GRHYD）プロジェクト。特に風力タービンによって生産されるエネルギーの有効利用促進を目的としている。その出力は気象条件に依存するため大きく変動し、時には需要を上回って供給網を飽和させる可能性があり、発電を停止する風車もあったほどだ。貴重なエネルギー損失を防ぐには余剰電力を水素ガスに変換して貯蔵することが必要になる。そのためにガスの供給網を使うことをガス事業を専門とするGDFスエズ社（売上高世界第二位の電力とガス事業会社）が中心となり、パートナー企業が連係し問題解決に向かった。

アレバは協力企業が開発した二〇〇キロワットから二メガワットという幅のある対応ができる水素電池(greenergy box)を、商品として販売し始めた。それはまだ、工場などの備蓄エネルギー、あるいは緊急時の停電対応、という段階だが、すぐにでも地方都市、遠隔地、過疎地、あるいは観光地、などに有効な設備だ。

それにしてもフランスの電力エネルギーに関わるすべての大企業が顔をそろえて水素をストックするための事業に取り組むとは相当の覚悟と将来への見通しがあってのことだ。ここにもドイツの自動車メーカー、アウディやシーメンスが脱原発直後に水素エネルギーへの展開を発表したことが、きっかけになっているようだ。

環境大臣に抜擢されたデルフィーヌ・バトーは、二〇一三年五月にコルシカのミルト・プラットフォームを見学したほど、水素への関心は高い。

ドイツに学ぶ「power to gas(電力からガスへ)」

「パワー・ツー・ガス」(Power to Gas)がドイツで発足したのは二〇一一年だった。大学、研究所、事業者、該当機関などが集まってできた構想だった。

特に風力タービンによって生み出された余剰電気エネルギーを回収し、その電気を使って水を燃料ガスとして使う水素と酸素に分解し、必要に応じて既存のガス供給網に水素を再注入するのがこのシステムだ。

既にイギリス、ドイツ、アメリカで小型電池での運用がはじまり、安全は確認された。「power to gas（電力からガスへ）」と呼ばれるこのシステムは、再生可能エネルギーを推進し、既存のインフラ（ガス供給網）が使用できる具体的で実証的なシステムにまちがいない。ドイツの自動車メーカー、アウディは、このシステムを利用して水を分解し水素をつくり、それをメタンにしたe-gasステーションを二〇一三年から稼働させた。協力企業SolarFuelの申し出からたった六カ月で実用化までこぎ着けた、という早業だった。しかも驚くことに自ら北海沿岸で一基三・六メガワット／時の風力発電機を四基、年間合計五三ギガワット／時の電力供給も始めたのだ。アウディは自動車の生産メーカーであると同時に電力供給会社にもなった。

水素からメタンガスを造るのは二〇世紀初頭にさかのぼることができる成熟した技術だ。すでにある天然ガスで走る自動車に応用することに問題はなかった。

しかも天然ガスのネットワークに、再生可能エネルギーの電力から回収した水素を入れれば暖房にも湯をわかすことにも使うことができる。これまでのガスと同じように、電気からつくった水素ガスは新しいエネルギー源にもなる。電力と天然ガスが水素を媒介にして同じエネルギーの連鎖の中に入るということは、水素がエネルギー源としてどれだけ柔軟な素材であるかがわかる。

ドイツに限らずフランスが国家のレベルでこのシステムに着目するのは当然だろう。

フランスの再生可能エネルギーの利用がより効果的になるこの事業の実証実験は、次の二つのステップで進行することになっている。

二〇〇五年にできたＨＣＩ社が開発したガス、ハイタン（Hythane、水素とメタンの混合）プロジェクト。これは自動車のガスステーションのために水素と天然ガスを混合したハイタンをつかって天然ガス仕様の車でテストする。まず水素を六％、次に二〇％と増やしながらテストをする。すでにある天然ガスのパイプを使って水素ガスを混入する計画も動き出している。二〇〇世帯くらいのエコ住宅地を水素と天然ガスを混合したガスで暖房し、次第に水素の割合を六％から最高で二〇％までにする。

五年間の実験を経て二つのプロジェクトのデータから、技術的、経済的、環境にかかわる問題を検討し、住民と話し合い、そして法的な手続きを確認することになっている。その結果、水素が安くて安全なエネルギー源として有効かどうかの判断をするという。そして地方都市、エコ都市、エコ住宅地、地方都市の公用車あるいは公共バスなどへの利用の可能性も見極める。しかもフランスは十年から十五年後に水素産業は年間で五兆から四〇兆ユーロの産業に成長するかもしれない、と予測しているのだ。

ネガワット（negawatto）というエネルギー転換を推進する研究者数百名による団体がフランスで発足したのは二〇〇一年のことだった。彼らは二〇一〇年のエネルギー使用量に比べて二〇五〇年までに六五％削減するには天然ガスに水素を入れて再生可能ガスにすれば可能だ、という綿密な計画を提案した。天然ガスに混入する水素の量を段階的に増やせば、無理なくエネルギー転換ができる、というものだ。いままで工場や実験現場でしか使ってこなかった水素が、将来は一般家庭にもつながるエネルギー源として活躍する、と確信しているようだ。

パートナーのマクフィー・エネルギー

フランスが産業を育成する方式は、日本には見られない傾向がある。その一つは政府や公共機関などが試験的プロジェクトを公募し、採択される案に、多くの中小企業の提案があることだ。たった一二名の風力研究所が大型の予算を得ることなどザラにある。日本で採用されたリストにはほとんど大学と大手企業の名前しか見えないのと大きく違う。もちろん、無駄な実験をした、と批判の対象になるモノも多いが。だがフランスでは無名の企業であっても、チャンスがある。中小企業の技術が大企業と一緒に育つという仕組みが、エネルギー関連で多く見られるのは、政策の反映だ。

マクフィー・エネルギーも二〇〇八年に四名のスタッフで創立されたばかりの小さな企業だ。アレバのプロジェクトに選ばれた二〇一二年でも、スタッフは三二名しかいない。だが、水素エネルギーに関する研究で政府の援助を二回も得た。その技術は水素化マグネシウムで固体水素をつくり貯蔵する技術開発だ。マクフィー・エネルギーはＧＤＦスエズ、というフランスでガス供給をしている巨大企業に再生可能エネルギー由来の水素の貯蔵・生産に関する技術を提供している。電気とガスというエネルギー網の間の溝を埋める技術だ（二〇一一年に日本の岩谷産業と技術提携した）。

これら、蓄電技術への果敢な取り組みは、むろん分散型ネルギー網の完成にむかう一歩でもある。フランス電力公社（ＥＤＦ）という巨大な国営企業の独占的な送電システムより、小規模で数多くの閉じた送電網をつくり、それをネットワークでつなぎ柔軟な電力送電システムにするための実験が始まろうとしている。だからまず島で、そして山間部で。メルケル首相の主導でドイツの政府と産業界が［e-Energie］プロジェクトを立ち上げたのが二〇〇六年だったから、フランスのそれは六年遅れになった。だが驚くほど多様な実験が始まったのも確かだ。

第7章　ドイツに学んだ「エネルギー転換」

三〇〇人を招いた円卓会議

原発大国フランスに十七年ぶりのオランド社会党政権が再来しても、サルコジ時代とそれほど違った戦略はとられないだろうと、誰もが思っていた。もちろんフェッセンハイム原発の廃炉と原発依存を五〇％に削減という選挙公約は守ることはわかっていた。ところが、オランドがエローを首相に任命してから、少し風向きが変わってきた。ユーロ問題解決のために隣国ドイツと緊密な関係を築かなければならないオランドにとって、ドイツに絆がある最強の駒がエロー（オランドのドイツ語の先生）だった。エネルギー問題でもメルケル首相との緊密な提携、いやドイツと同じように再生可能エネルギーへの関心は深まり、具体的なロードマップをつくりはじめた。サルコジ時代には見えなかったフランスのエネルギー展望を国民に提案しはじめたのだ。

その最初は、二〇一二年五月の就任からたった四カ月後、「エネルギー転換」円卓会議を九月十四日と十五日、二日間連続で開催したことだった。選挙で選ばれてまっさきに「エネルギー転換」が国家の目標とは、福島の災害がなかったらあり得ない行動だった。日刊紙『ル・モンド』は大統領オランドの〝黒ミサ〟（ローマ・カトリック教会に反発するサタン崇拝者の儀式で、神を冒瀆することを旨とした儀式）ではなく大掛かりな〝緑ミサ〟だったと評価したように、まるで儀式のように新政権発足早々に正面からエネルギー問題に取り組んだ。円卓を囲んだのは内閣が選んだ一四名：気候学者、グリーンピース代表、元ミシュラン副社長などで、業界と環境にかかわる専門領域のバランスは保たれたかにみえたが、元アレバ社長アンヌ・ロヴェルジョンの名前もあったことで反発を招き、結局グリーンピースと地球の友の代表は、同席は恥、と出席を拒否した。他のＮＰＯの代表者、会社員など三〇〇名が出席し議論は沸騰した、という。

その「エネルギー転換」円卓会議でエロー首相は締めくくりの講演でオランド大統領より一歩踏み込んだ発言をした。思いがけない内容だったが、会議の討論をふまえてエロー氏が提案した今後のフランスエネルギー政策の目標を、記録しておこう。まず「エネルギー転換」の意味とその背景から。

「エネルギー転換」と原発がないオーストリアとドイツ

新政府は旗印として「エネルギー転換（La transition énergétique）」という用語を選択した。それまでフランスではあまり使ってこなかった言葉だが、それは、ドイツとオーストリアから生まれた概念だった。フランスが社会党政権になると同時に政策のキャッチフレーズとして取り入れたものだ。再生ができないエネルギーから再生ができる多様なエネルギーに移行しようとする行為をさす。それは石油、天然ガス、石炭のような化石燃料、つまりCO_2を発生する発電、あるいは原子力発電のように技術偏重で中央集権的な発電から、安全で地方分散型のきれいな太陽光、太陽熱、風力、バイオガス、水力、潮力、地熱を活用し、なおエネルギーのストックをして、その電力を管理し送るためにスマートグリッドによる配電網をつけ、効率の良いエネルギーに転換しようという提案だ。

二〇〇九年のオーストリアのエネルギーの発電データは、水力六二%、風力、太陽光などで三%、火力三四%、輸入一%だった。オーストリアは、その一%の間接的に使っている原発エネルギーからも脱却しようとしている。とはいえ、原発を造らなかったわけではない。最初の原子炉はツベンテンドルフで一九七八年に完成した。だが稼働の直前に賛成か反対かを国民投票で尋ねた。その結果反対五〇%、賛成四七%。わずかの差ではあるが生まれたばかりの原発は一度も稼働されることなく眠りにつき、政府は計画していた三基の建設を断念した、という経過がある。

一九八六年のチェルノブイリでの事故で国民は原発に強く反対し、一九九九年の連邦憲法に、「オーストリアで核兵器を製造したり、保有したり、実験したり、輸送したりすることは許されない。原子力発電所を建設してはならず、建設した場合これを稼働させてはならない」と定めた。チェルノブイリ以前から原発に反対していた国だからこそ、それ以外のエネルギー開発に力をいれる。「パッシブハウス」という太陽エネルギーを効率よく取り入れ無暖房でも暮らせる家屋の普及は世界一だ。すでに国内で一五の地域が地域産の自然エネルギーだけで賄う「エネルギー独立」を果たしている。

といっても原発の恐怖と全く関係がないわけではない。国内ではない。オーストリアはチェコやスイス、スロバキア、スロヴェニア、ハンガリーなど周辺の国々の原発に取り囲まれている。だから政府はEU加盟国にある原発すべてのストレステストの義務を提案し、少なくとも現在稼働中の安全基準をいかに透明化できるかを議会に申し入れた。だがイギリス、フランスの反対にあい、テストは導入するが義務ではなくなった。

ドイツ経済界は「環境保全で正当性がなければ、経済的にも正当ではない」と宣言

脱原発を選んだ優等生のドイツは、電力の輸出国でもある自国で、もしも電力不足になれば二〇一六年からポーランド経由でロシアが電力を供給しよう、という申し出をうけている。ロシアの原発で発電した電気をドイツが購入する、という矛盾はあるが、これまでもフランスから電力を輸入してきたという経過から見れば驚くにはあたらない。しかもドイツの原発産業を率いてきたシーメンスがアレバの原発から撤退するのと同時に、ロシアとの原発提携からも撤退した。だが列車や風力発電部品のタービンの受注でフランスとロシアとの協力関係を深めるのはこれまで

通りだが、当然原発に使うタービンの受注もうけることになる。

ドイツの環境団体は「エネルギー転換」は、エネルギー消費の削減がないかぎり実現できず、そのためのあらゆる技術供与を惜しんではならない、もっと政策実行のスピードを上げよ、と政府に呼びかける。エネルギー産業界は圧力団体でありながら、もはや「後戻りはできない」とし環境保全という側面で正当性がなければ、経済的にも正当であるとはいえない、と主張する。ドイツ経済界の優等生の解答だ。人間と自然に被害を及ぼしてまで、利潤を追求しない、という決断は、経済界にとって困難な表明だったにちがいない。これまで、彼らは、国の利益と国民の利益のために事業活動をしていると思わせ、その活動の結果を考慮することはなかったからだ。

この歴史的にも縁が深いエコ優等生ドイツとオーストリア二カ国を横目でながめながら、同じように「エネルギー転換」を旗印にフランスのオランド政権も、二〇一二年一月二十四日にまず中央集権的でないやりかたで、つまり各地方都市でエネルギー転換のための討論会を開くと広報した。

フランスの大統領が国家の使命として環境問題に取り組むのは、これが初めてではない。二〇〇七年、サルコジ大統領誕生と同時に「グルネル環境法」が誕生した。というのは地球温暖化対策のための欧州連合としての目標が定まり、フランスもそれに向かって政策を立てる必要があったからだ。大統領就任式の挨拶で気候温暖化とのたたかいを強調し、二〇〇八年に環境法はほとんど反対なしで成立した。

それから四年後、オランド新政権は「グルネル環境法」をそのまま引き継ぐのではないが、より財界と距離をおいた姿勢を見せ、環境問題に取り組む「エネルギー転換」提案をはじめ、専門家と政治家、民間団体の人々を招いて円卓会議を開催し、全国民の意見を聞くための討論会を開くことになったのだ。

エロー首相、決断の発言

「エネルギー転換」円卓会議に先立ちエロー首相は出席者にむかって次のような呼びかけをした。
「電気をつくるためのあらゆる原発と縁を切らなくてはいけません、そして同じように交通手段としてのあらゆる石油とも縁を切ろうじゃありませんか。なぜなら、私達がめざしている節度ある社会は、原発とも石油とも矛盾するからです」

はじめて脱原発に近い発言をしたのはエロー首相だった。ただ微妙なのはエロー首相は"Il faut rompre"と"rompre（縁を切る）"という動詞を使い、一般的に〝脱〟というときに使う"sortir"という単語を使っていない。

それはより文学的ないいまわしかもしれない。もしかしたら直接的に脱原発と表現するより、同じ政治組織の仲間や業界の反発をさけるためかもしれない。どちらにせよ、エロー首相には原発の将来が見えている。その原点にドイツのメルケル首相がいるかもしれない。というのはメルケル首相が政権についた年、彼女はアメリカのジェレミー・リフキン（『第三次産業革命』の著者）からエネルギーについての指南を受け、再生可能エネルギーと水素貯蔵の未来を確認しているからだ。「エネルギー転換」会議での討論をふまえ、エロー首相は以下のように提案した。フランスが目標とする項目ごとに紹介しよう。

エネルギー

最初に、電気とガスの段階的料金設定にまず賛成しよう。水も段階的な料金体系にしましょう（節約をすればするほど料金は少ない）。

二番目は再生可能エネルギー研究に取り組む、エネルギーの効率の良さを研究し、技術革新ができる組織を強化し、支援しよう。

十年後には、二リットルで一〇〇キロ走る自動車を開発するよう、研究者と企業を激励したい。これは現在の自動車よりも四倍も効率がいいから（電気自動車の推進と省燃費の両輪が、これからのフランス産業にとって切り札となる）。

省エネ

最優先事項はなんといっても住宅です。これはオランド大統領の声明と同じですが、新築も改修も含んで年間一〇〇万個の住宅を断熱改修します。公団住宅に特別にエコ貸し付けをしましょう。そのために政府の支援を多くしましょう。例えば改修経費の三分の一を支援します。そしてCO_2節減、省エネ達成証明がある先進的な試みに経済支援をします。住宅改修のための特別な相談窓口をつくり、改修に興味がある世帯を指導しましょう（日本の住宅戸数は四五〇〇万戸、新築は年間八〇万戸。フランスの住宅戸数は二四〇〇万戸、新築は年間一〇万戸。だから年間一〇〇万戸の改修支援がどれだけ大規模で、その効果がどれほど大きくなるかが想像できる）。

原発

二〇二五年までに原発依存を七五％から五〇％に削減し、エネルギーミックスを再度バランスよく見直すロードマップをつくります。二〇一六年にフェッセンハイムを閉鎖するロードマップをつくります。フェッセンハイムの跡地転換のための責任者を来週までに決めます。

シェールガス

オランド大統領の決断と同様に、環境を破壊しない新しい技術が提案されないかぎりシェールガスについては、一切新たな許可は与えません。

再生可能エネルギー――風力

再生可能エネルギー政策については、〝この領域で活躍しようとする人々のために、安定していてわかりやすくて透明で、投資に適切な規則が必要になります。風力発電とその電力買い取り価格についての安定を確約します。

太陽光

太陽光発電については、品質に注目したい。二〇一二年末までに大規模な発電所の設置を約束しましょう。それが技術革新を促進し、その地域の活性化に寄与することが条件です。二〇一三年初頭には買い取り価格について二〇一一年までに建設が終わったものの実績をみなおして価格を安定化させます。

バイオマス、地熱についてはすでに設置を完了したもの、これからの企画も含めて、地方自治体を支援します。水力発電については二〇一三年度初頭に大規模な開発をはじめます。潮力発電については二〇一二年末までに新たな研究開発をはじめることになります。

生物の多様性

生物多様性については、単なる自然や生物の保護ではなく、その先の自然博物館にまでゆきつかなければいけません。でも日常の中にも多様な生物がいます。そのための組織を二〇一三年に創立し、景観についての法律を提案し、海洋公園をつくり、国立自然公園も配慮しましょう。そして農地と自然のある地面をアスファルトなどで覆うことを禁止する法律を立案するロードマップをつくります。
（この後に農業政策、健康政策が続く）

大気汚染

社会的にも正しく、技術革新と経済発展、しかも企業の活動に寄与し、その結果が社会的にも正しいエコロジーに効果がある税制ができると確信しました。この〃エネルギー転換〃が順調にゆくのは、エコロジーという局面をかえりみない税制システムから、エコロジーを充分配慮した税制に移行することが必要です。転換がスムーズにできるには念入りな準備が必要です。貧しい家庭にも、企業にとってもダメージがないように心がけます。

二〇一三年の法制化に間に合うように、空気汚染に税金をかけましょう。エコな自動車に有利になることを促進し、役立つ技術に資金援助をし、エコに関する税金の相談窓口を常設します。

環境法をもっとわかりやすくし、市民の意見が決定に反映できるようにします。

企業は労働者の健康と環境により注意すること。二〇一四年から環境NGOの活躍がもっとできるように、これまでより一〇％増しの資金援助をします。

フランスの市民を招いて環境討論会を開きます。その議題は次の通りです。

十年後、二十年後、三十あるいは四十年後にどんなエネルギーを使っているでしょうか？どこに投資すべきでしょうか。

どうしたら再生可能エネルギーが多くなるでしょうか。

今使っているエネルギーを最も効率よく使うにはどうしたらいいでしょうか。


ここまでのエロー首相の演説は、フランス政府ホームページに動画で公開されている。寂《さび》れた地方都市だったナント市を芸術の街にまで成長させた辣腕の政治家、その熟練のプレゼンテーションの一つが、「エネルギー転換」会議での演説だった。


地方自治体と団体、個人を巻きこんだ国民参加の討論会はフランス全土で二〇一三年七月まで続き、その結果を待って十月にエネルギー法案が上程されることになっている。

提案されるだろう法律の中に原発停止にかかわる手続きが含まれるかどうかに注目しなければならない。国民を巻き込んで、全国の規模で討論会を開くというのはアリバイ造りのようにも見えるが、たとえそうであっても、国民を教育して初めて達成できるのが省エネだ。ことに家庭のエネルギー削減が予定のように達成できれば、国内で消費するエネルギーは半減する。

市民の関心を呼び覚まし、討論会を有意義に進行させるために、とフランスの県連合はその開催に知恵を絞った。事前に円卓会議への参加希望者をネットで募集し、抽選した。エネルギー専門家や政治組織などの関係者を除いている。選ばれた参加者にはフランスのエネルギー状況を知らせる資料とＤＶＤを事前に送付した。会議当日は資料の説明、質問があり、八名から一〇名のグループに別れて討論しあう、という形式だった。話し合いが順調に進むように進行役がついていたが、彼らの意見が影響しないように、進行役は次々とテーブルを変えた。この方式は、国民の意見を引き出すことで評判の高い民主主義先進国のデンマーク方式をまねた、という。そしてエネルギー関連の企業や組織の見学ができるプログラムも組んだ。

エネルギーの日　三月二十九日、三十日に普段は見られない建物の門を開く。その詳細はまだ明らかではないが、原発は当然のこと、風力、太陽光などの発電所、あるいは研究所などが見学可能になった。

市民のためにエネルギー会議　五月二十五日にフランス二六の地方自治体で同じ日に同時に討論会が開催された。

閉会に際してエロー首相は、次のように述べた。

「エネルギーの独立と段階的に原発と縁を切ることは可能です。化石燃料や放射性物質に関係あるエネルギーのかわりに、再生可能エネルギーからつくるエネルギーの蓄積をし、天然エネルギーを電力と暖房と交通のために使うことができるようになることが望ましいのです」

「エネルギー転換」市民会議

「エネルギー転換」市民会議は二〇一三年五月二十五日に実行された。一四の都市で一〇〇〇名あまりの市民を招いて同時刻に会議は開催された。議論の後で一八の質問に答える、というプログラムだった。

その結果は参加者の七五％が、「エネルギー転換」は社会にとって積極的な意味があり、五二％が市民にとって有効と答えた。四四％がエネルギーの自立を心配している。四四％が未来の国民にたいして不安があると答え、燃料の料金上昇が心配と答えたのは四三％。「エネルギー転換」は省エネルギー、そして再生可能エネルギーの発展にも深くかかわっているが、それを重要なモチベーションにしていると答えたのが二九％、尊重しているが一五％。一一％がエネルギーの欠乏を心配し、欠乏するかもしれない、と考えるのが四三％。三五％が特に注目しているのは分散型のエネルギーシステムができることだった。四九％がそのための研究開発を進めること、ことに再生可能エネルギーへの投資の方向を変えることを望んだ。また公共エネルギーの抑制を二九％が望んでいた。参加者のほぼ半分四九％がもしもフランスにエネルギーと環境・健康と経済にも積極的な効果があるのであれば電気料金が上るのはかまわないとした。ただし、これに優先されるのはフランスの経済が上向き、なお雇用に問題がなくなってから、と答えたのが三九％いた。

デンマーク方式が成功したかどうかはわからないが、フランスではいまだかつて実行したことのない国民の意見を聞く民主的な会議になった、と開催者側は評価していた。市民会議は入念に用意されていた。二〇一三年一月から二月まで教育と情報の期間、三月から六月までが討議に参加する期間、七月に意見と要望のまとめ期間、二〇一三年秋に「エネルギー転換」のための法律を議会に上程する、という段取りである。集計の結果は期待通り、市民はエネルギー転換を理解し、賛同の意思表明をしていることは確かだ。残念ながらそれがどんな法律として実を結ぶかが、不透明だった。

しかも再生可能エネルギーを市民に語らせるのであったら、当然、原子力エネルギーについての市民の討論があってもいいはずだった。だが市民に原子力エネルギーについて議論させることをさけた。そんな質問事項もなかった。そうだろう、主催者のリーダーの一人だった環境大臣デルフィーヌ・バトーは慎重に話題を外したのだ。危険を察知していたのか、あるいは用心深く別のチャンスを用意しようとしていたのかもしれない。

第8章　環境大臣バトーの栄光と挫折

環境大臣からのメッセージ、文具から照明まで

デルフィーヌ・バトーは環境大臣着任からほぼ一年。その間にこなした任務はフランス政府のホームページ「portail du gouvernement」で公開されている。バトー大臣の行動のほとんどは、エネルギーにかかわっている「エネルギー転換」というオランド政府の目標にむかっての歩みを国民に公開しながら、教育しているのだろう。生活に密着する買い物指導にはじまり、国家の未来を占う原発推進まで、その動きは多様だ。二〇一二年五月からの軌跡は次の通り。

学用品はエコで

二〇一二年の新学期のための学用品はエコ仕様のものにしましょう。毎年、学校、先生、父母会などが購入する学用品のリストをつくり、無駄がないよう、そしてあまり重くならないような配慮をしています。文部省はそのためにガイドラインを提供しています。大量生産される

学用品も環境にとても関係が深いのです。消費者はそれに気がついていないかもしれませんが。紙や鉛筆をつくるには木材を使います。知ってますか、A4サイズの紙一枚（八〇グラム／平方メートル）をつくるのに一〇ワットのエネルギーを使い、それは六〇ワットの電球を十分つかうのと同じエネルギーです。ポリエステルの鞄をつくるまでにでるCO_2の量は自動車が三七〇キロメートル走るのと同じ量です。鞄にいれる物がどれだけ環境にインパクトを与えるかがわかる例をあげれば切りがありません。

だから必要なものだけを買うように行動を変えましょう。これは環境省からのお願いです。エコ市民に買ってほしいものは、リサイクル品、廃棄するより再生できるもの、長期間使えるもの、パッケージだけのものでないこと、安売りにふりまわされないことが大切です。学用品にも公式のエコラベルがついています。それらは品質の保障もあり環境に優しいものであり、なお環境や健康を害する素材もつかっていません。

長持ちして安全な学用品は健康にも良いのです。学用品の中には健康を害したり、教室の空気を汚染するものもあります。

日本政府の公式ホームページでも大臣の動向がわかるが、フランスのページがどれほど魅力的かは、フランス語がわからなくても判断できるほどウェブのデザインが優れている。大臣名のリストをクリックするだけで数カ月分の個々人の動向がわかり、関連のリンクサイトの表示がある。

しかも、記事の語り口は、仕事の内容にそってそれぞれ異なる。消費者にむけた記事はやさしい口調で、企業向けには新聞のコラム風に、と。以下は個人と企業にむけた仕事ぶり、エコ政策に取り込んでいるバトー氏の動向だ。

二〇一二年七月、電気自動車の購入にたいして一台に七〇〇〇ユーロ（約八四万円）の支援をする約束は守られました。このエコボーナスは官庁や公務の車にも適用されます。そのために官庁の駐車場に充電装置をつけ、すくなくとも官庁の駐車場にある車は電気あるいはハイブリッドを二五％までにします。購入時のボーナスの他にも、駐車料金、高速料金にも優遇制度をもうけましょう。

五回目のバイオマス発電公募をします。年間一〇〇〇tep／年（一万一六三〇メガワット時。tepとは一トンの石油が燃焼して出るエネルギー量）以上で。この建設費には二〇％から六〇％の補助があります。応募閉め切りは二〇一三年一月三十一日。二〇一五年九月一日までに稼働のこと。

すでに二〇〇九年から二〇一一年までのバイオマスの公募で一八〇〇の企業が選択され、合計七九万tep／年が生産されました。二〇二〇年までに再生可能エネルギーは二三％になっていなければなりません。

リンキー（Linky：電力公社EDFの子会社の商品）を生産する工場を見学しました。今後この製品のプログラムが使用されることを願います。これは国家のプロジェクトになります。リンキーは今後三五〇〇万戸の電気使用状況を知らせたり、電力の送電を近代化するものです。エネルギー転換のために使うこのリンキーは効率でも競争力でも、節約にも効果のある最も有力な装置になります。これは消費者の願いに沿っていること、目立たないけれど効率の良いサービスに繋がっていること、そんな状態を実現するのが目的です。そのためには国内の企業が一体となって戦略をねって調整することが必要です。この目的を実現するためにはこの企画をとりまく全員の同意が大切でしょう〟。

最初の会合は十一月十六日です。二〇一三年一月には「エネルギー転換」のための国民的な討論を経て結論がでるはずです。リンキー導入のための予算は各家庭にとって公平でなければなりません（日本でスマートグリッドのための装置は個人負担で設置することになる．フランスでも個人負担になりそうだ）。

十二月四日、「エネルギー転換」のためのロードマップが三〇％完成しました。

各閣僚は三カ月ごとに、どこまで成果があがったかが具体的にわかる、図表を公開してください。次の二つの分野を重要視します。まず〝緑の成長〟です。エコ産業関連では三年間で一〇万人の雇用が生まれること、そしてエネルギーの効率が良くなること、なおエコで優れた人材が生まれること、そしてリサイクル経済が成り立つこと、などを希望します。

二〇一三年一月、これから年間の太陽光発電は五〇〇から一〇〇〇メガワットと二倍になるでしょう。そのために企業を支援しなければいけません。一一〇億ユーロ（約二四〇〇〇億円）以上の資金を投入しましょう。一万人の雇用をめざします。そのための具体案は、まず二五〇キロワット以上の発電所の建設を支援します。四〇〇メガワットの大規模の企画を公募しましょう。その半分は革新的な企画でも太陽熱発電でもいいでしょう。駐車所や建物の屋根などにつける発電パネルでもいいでしょう。ただしその取り付けは環境に配慮してください。屋根などの一五〇から二五〇キロワットの中型の発電装置についての公募もあります。いままでより条件の良い公募も年間一二〇メガワットまでとします。一〇〇キロワット程度の小型発電には最高の買い取り価格になるよう配慮します。今後の公募は年間二〇〇から四〇〇メガワットになるでしょう。そしてヨーロッパ製の太陽光パネルを使った場合、ボーナスとして一〇％上乗せします。この結果それぞれの地域でそれぞれにふさわしい価格で工事ができることになります。この計画が実行されるために、二〇一三年二月一日からこの太陽光発電に関係し、役に立つあらゆる企業のリストをネットで公開します。

二〇一三年一月から新車一台購入にたいして最大七〇〇〇ユーロ（約八四万円）のボーナスを受け取ることができるようになります。排気ガスCO_2排出量が一キロ走行で一三五グラムだったのが一四〇グラムに変更されましたが、最悪の逆ボーナス（罰金）は三六〇〇から六〇〇〇ユーロに変更しました。エコ車へのボーナスは五〇〇〇から七〇〇〇ユーロに変更し、もしも十五年使ってきた車を廃棄したら、二〇〇ユーロ（約二万四〇〇〇円）の割り増しボーナスもさしあげます。これは排気ガス対策と同時に省エネルギーにも貢献します。

建物の空間が消費するエネルギーは全体の四四％。交通手段三二％、窯業を含む生産業二一％、農業三％、という事実を知ってますか。

一九七〇年から二〇一一年までのエネルギー消費の動向を見れば、交通にかかわる最終消費エネルギーが一九％から三二％に増加していることに気がつくでしょう。住居は四一％から四四％に増加しました。産業分野では逆に三六％から二一％に減少しています。

政府が実行しようとしている「エネルギー転換」政策では化石エネルギーよりも再生可能エネルギーを使うように推奨していますが、どうしたら新たな〝緑の成長〟を促すことができるでしょうか。これが「エネルギー転換」市民討論のテーマであり、二〇一三年十月にできる法律として形あるものになります。〝緑の成長〟は以下の三つ、エコロジー、経済、社会に貢献します。

一月から二月までが教育とインフォメーションの期間です。フランス人は地方ごとに団結をはじめました。一月末までには市民の役割がなんであるかがわかる情報をインターネットのサイトで提供します。三月二十九日、三月三十日、三月三十一日はエネルギーの日です。ちょうど「フランス遺産の日」（毎年秋、フランスの歴史的建造物で公開していないものを見学する日が二日ある）のように、普段は一般には門を開けないエネルギー関連設備や企業が見学できるようにします。次にサステナブル週間が四月一日から四月七日まであります。五月二十五日こそ市民討論会の日です。

次の四点が討論の議題です。

どうしたら節度あるエネルギー効率に向かえるでしょうか。生活、生産、買い物、移動、住宅などでどのように日常的にエネルギーを使ったらいいでしょうか。

二〇二五年までにどのようにしたら良いエネルギーミックスになるでしょうか。フランスはどのようにヨーロッパが定めた気候変動の条約を尊重するシナリオを描くべきでしょうか。

どのように再生可能エネルギー、エネルギーの新技術を選択し、どのように国内の産業発展のための戦略をたてたらいいのでしょうか。そして「エネルギー転換」にはどれだけの金額とどれだけの資金が必要でしょうか。

「グルネル環境法」にさだめたように、二〇一三年七月一日から住居でない建物や商店の夜間照明を制限します。それによって三つの利点があります。年間二テラワットの消費電力の節約ができます。一般家庭の消費電力に喩えれば、七五万世帯の年間の使用電力量に相当します。しかも二五万トンのCO_2を削減します。

事務所のインテリアの照明は室内から人がいなくなってから一時間後には消灯しましょう。それにより自然のエコシステムの破壊を減少させます

建物のファッサードの照明などは、祭りや特別な催しでは自治体が対応しますが、この消灯は遅くても午前一時にしましょう。商店のショーウインドーの照明についても午前一時には消灯してください。あるいはもっと遅くまで営業している場合には、仕事が終わってから一時間後に消灯してください。夜間遅くまでの照明は睡眠のリズムを乱し、健康被害もあります。

商店の照明は朝七時点灯、あるいは開店の一時間前です。建築物の正面への照明は陽が沈む前に点灯してはいけません。

二〇一三年一月九日。バトーはヴァリノックス（Valinox）というアレバの傘下にあるステンレス製のつなぎ目のない巨大チューブ、原発の蒸気を通すチューブの製造会社を訪れ、輸出産業としての原発技術の成長を支援する契約に調印した。

七月二日。バトーはドイツの環境大臣ペーター・アルトマイヤー（Peter Altmaier）を招いて、仏独再生エネルギーオフィス発足五カ月後に両国のエネルギー転換、再生可能エネルギーにかかわる、二〇一六年までの共同歩調の行動計画をたてた。そのための費用は膨大なものになるが、六五％は企業からの出資となる。だが電力関連の企業が全面的に資金を投入するかどうかが、問題になっている。

二〇一三年七月二日。ラジオ番組に出席したバトーは二〇一四年度の環境予算が前年比七％減だったのは最悪と語った。その直後エリゼ宮からメイルで呼び出され、十時間後、彼女は大統領から罷免された。

オランド政権で二人目の環境大臣罷免になる。最初のニコル・ブリックはシェールガス推進に待ったをかけたことが電気関連事業のロビー族の怒りをかったからだ。だがバトーは原発は当分必要、と電機関連事業のロビー達にも配慮してきた大臣だったが、それでもなお彼女を危険な存在とみなす勢力がフランスにある証拠だ。コリーヌ・ルパージュの警告のようにフェッセンハイム廃炉に抵抗する勢力の影響かもしれず、再生可能エネルギーに大きな予算を使わせたくない勢力かもしれない。ある原発企業の社長はこの罷免を数カ月前から知っていた、とバトーは名前をあげて非難している。再生可能エネルギーと原発をめぐって不気味なひずみがフランスでおこっている。

フェッセンハイムの廃炉はできるか――コリーヌ・ルパージュの警告

『原発大国の真実』の著者ルパージュはシラク政権当時の環境大臣だった。政治的には中立といわれてきたが、本業は弁護士。脱原発派のルパージュはフランスの原発ロビーに憤慨し、告発にもちかい著書でなぜフランスが脱原発できないか、をあばく。だから現政権の環境大臣バトーにいらだちを隠せない。自身が在職中にできなかったことを、バトーにやれといっても無理と言いたいところだが、バトーを非難しながら、現政権のフェッセンハイム廃炉でさえ疑わしいと、法律家として提言しているところはさすがだ。

ルパージュ自身のブログに環境大臣殿、と公開の手紙形式で廃炉への不安を訴える。その公開状の一部を紹介してみよう。

「各国の首脳と会い続けているジェレミー・リフキンはサルコジともオランドとも、もちろんそれぞれの内閣の閣僚とも会って『第三次産業革命』を説いてきた。彼の意見は両政権の大臣を魅了してきたようだが、リフキンの『第三次産業革命』の原発無用論とは相容れないから、『第三次産業革命』とは無縁でしょう」との批判からはじまり、政府は家庭で電気での暖房を進めている限り省エネルギーはできないという。

「スマートグリッドは節電になるというより、電力公社（ＥＤＦ）がエネルギー消費のピーク時をコントロールするためにつけるだけ。節電なんて真っ赤なウソ。しかも電力公社の都合で設置するわけだからＥＤＦが取り付けるべきなのに、支払いは個人というのはいかがなものでしょうか。もしもスマートグリッドにするのであれば分散型エネルギーにしなければならないのに、国家はそれをしたがらない。いくら原発依存度を五〇％までに下げたってそれまでと方向性はかわっていません。フェッセンハイム廃炉というのは社会党にとってシンボリックで有効な政策だったけど、方向性が変わらないからなんの意味もないでしょう。第四世代の原発を推進しているわけだから。いくらフランスが再生可能エネルギーを促進しても二〇二〇年までに二三％という目標には達しないでしょう。

なぜフェッセンハイムを廃炉にして他は廃炉にしないの。古いから、地震があるから、水害があるから？　実はそれが隣国にとって危険だからよ。

ドイツの安全基準に比較してフランスのそれは安全度が低いのよ。だから廃炉にするのでしょ。バトーは安全性のために廃炉にしますとはけっして言わず、それをエネルギー戦略だから、と発言している。それは危険でバカバカしいことでしょ。原子力発電安全機構は、かつて修理すれば十年間稼働の延長ができます、と言っていたでしょ。

スイスとドイツの安全検査員はフェッセンハイムの状態は危険だってもう十年も前から警告してましたよ。国内の安全委員はすべて原発推進派で構成されているのよ。

大臣がいくら問題ないといったところで、経済的にも法律的にも、無理があります。フェッセンハイムを廃炉にするのは法的なリスクがあります。

廃炉にする手続きは、環境法のコードに従って、安全が確認できないとき国務院が命令することができます。これはスイス、ドイツ、フランスの住民が願ってきたことです。ストラスブルグ市はむかしからそのような行動をとってきました。建設した側が廃炉のための書類を申請しなければなりません。バトーは、もしも電力公社（ＥＤＦ）が書類を提出しなかったら、これから生まれるエネルギー法で、廃炉ができるようになる、と言っています。でもそこには時間の問題があります。これから国民的な討論会があって法律が六月に上程されても、それが一三年末までに成立するかどうかあやしいのです。電力公社が書類を提出すること、住民の声に従って行動することが必要なのです。だからといって二年後に結論がでるとはいえません。長期戦になったら、二〇一七年の大統領選挙まで持ち越す危険があります。新しい大統領が約束をまもればいいのですが。法律といってもそれが安定したものとはいえないことが危険なのです。

経済的にどうなるかといえば廃炉にかかる費用は莫大です。フランス電力公社（ＥＤＦ）はフェッセンハイムを稼働しているだけで年間の収入は三億ユーロ（約三六〇億円）。修理を待ちながらでもこれだけ稼ぎます。このまま稼働を続けた方が良いという姿勢を電力業界は見せています。廃炉の予算がない、費用がかかりすぎるから、と言っているのです。

三億ユーロの収入がある炉の建設費は納税者が支払いました。ところが収入があったからといって収益をもらってこなかったのに、廃炉になって収入がなくなれば廃炉の費用を納税者が支払うことになります。これではいったいどこにデモクラシーがあるのでしょう。」

弁護士らしく法律の抜け道があって、それほど簡単に廃炉にはできない、という問題提起は興味ぶかい。安全委員会が危険を認め、廃炉勧告をし、電力公社がみずから廃炉願いを提出し、それが認められて初めて、廃炉、となる。電力公社が時間稼ぎをしようと思えば、書類を作るのに時間がかかった、という理由でいくらでも稼働延長ができる、という仕組みができあがっていたのだ。それを変えるエネルギー法がいつできるかどうかが、オランド政権の将来にかかっている。二〇一七年の次期大統領選挙前に廃炉になる、とは断言できない状況にある。

ルパージュは環境大臣バトー宛の公開状で、疑問と反論を試みながら、フェッセンハイム廃炉の可能性を悲観的にみている。

だがもしも廃炉ができなかったら、オランド政権は世界に見せたかった良識と経済効果というショーウインドーを自ら閉じることになる。オランドは選挙公約で、世界中の老朽化した原発の廃炉という技術も輸出に適している、それを世界に見せよう、と宣言していたからだ。

第9章　パリとベルリンが手を結ぶ

五十年目のエコ共同戦線

「エリゼ条約」といっても我々には馴染みが少ない。だが第二次世界大戦が終わって十八年目、まだ戦争の記憶がフランスとドイツ両国民の心の傷として残っていた一九六三年一月二十二日、両国が和解を目指し、ヨーロッパの平和維持を目ざしてこの条約が生まれた。打ちひしがれていたドイツの若者を激励するドゴール将軍のこの日の演説は今でも記憶に残るという。二〇一三年一月はそれから五十年目にあたる。両国は互いに和解の日を記念行事で祝う。ドイツ・フランス年を祝う半年間の記念行事のテーマは芸術からスポーツまで様々だが、両国の若者がこの行事の主人公になる。エコロジーも行事のテーマの一つだ。

この記念日のためにドイツを訪問したフランスのオランド大統領は「フランスはドイツとエネルギー問題でもよりいっそう協力して再生可能エネルギーの普及に力を入れ、五十年後のヨーロッパのエネルギーがよりクリーンなものになるよう務めたい」と語った。テレビでの放映で見ただけだが、ドイツのように脱原発とまでは踏み込まなかったが、確かにエロー首相と同じトーンでエネルギー政策にむかおうとしているのではないか、と思わせた。

就任したばかりのドイツのアルトマイヤー環境大臣もまた、「オランド新大統領の原発依存度を七五%から五〇%に減らすという公約は、ドイツが二五%の原発を〇%に下げるのに等しい割合で、今後フランスの関係者との協力を密にしていく」と述べ、二カ国のエネルギー共同戦線は、ヨーロッパに新たな局面が展開するのではないか、と予感させた。フランスとドイツが二度と戦ってはならないという平和の約束の日の演説に、エネルギーでの協力が力強く謳われたのは日本から観察すれば、二五%下げるのは自分たちと同じ下げ幅だからいいではないか、と脱原発に誘い込まないヨーロッパ人エリートの知的な振る舞いを思い知らされる。

その環境大臣ペーター・アルトマイヤーとフランスの環境大臣デルフィーヌ・バトーの両者が再生可能エネルギーと「エネルギー転換」のためにパリのエリゼ宮殿でドイツ―フランス共同局（office）を発足する協定書にサインしたのは二〇一三年二月七日。それ以前にすでに二七カ国が加盟しているEUで「二〇―二〇―二〇」、CO_2排出量二〇%削減、再生可能エネルギー二〇%増加、エネルギー消費二〇%削減、という協定が二〇〇六年に結んであった。そのために風力発電などを中心に再生可能エネルギーで協力するためのドイツ・フランス事務局もできていた。サルコジの「環境グルネル法」制定と同時の発足だったが、それだけでは充分でないようだ。オランド政権になったのだから、サルコジ政権とのちがいをみせるための仕切り直しのようだが、なぜあらためて二カ国だけでの協力を確認する必要があるのか不思議だったが、どうやらこの二カ国共同戦線の裏には、それまでハッキリしなかった新たなエネルギー問題が浮上したようだ。

電力が国境を越える時、ネットワークで構築

というのは、今後完備されるヨーロッパを網の目のように繋ぐ送電網と、蓄電の設備との関係こそ、再生エネルギーを有効利用する根幹にあることが、これまでよりハッキリしたからだ。どれだけ各国が独自で再生可能エネルギーの生産に力をいれても、送電の効率が悪くてはなにもならない。風力発電にむいた地形と、太陽光にむいた地形、水力、潮力、地熱、バイオガス、それらは地理的条件によっても季節によっても時間帯によっても異なる。電力が余るところから、不足する所へ、という電力の流れがヨーロッパの東西南北を結び、なお余剰電力を蓄電することができれば、無駄になる電力は少なくなる。

エネルギーをネットワークで考え、構築すべき、というリフキンの『第三次産業革命』の提案をまさに二国間でまず実践しようと模索しはじめたようだ。

二七カ国がそれぞれ時間をかけて進めるより、まずエネルギー消費量の多い隣同士の二カ国の連係こそ迅速かつ効率のよいプログラム遂行にふさわしい、と判断したのだ。

この協定にむけてフランスのバトーはエアバスのように協力しよう、と発言する。一九七〇年

にフランスのアエロスパシアルとドイツのDASAが共同出資してエアバス社を設立し、当時世界の航空機の市場を圧倒的に制していたアメリカのボーイング社を二〇〇〇年には抜く販売実績をあげたからだ。おぞましい過去もあれば麗しい過去もある両国は、エネルギーでもエアバスのように成功し、エネルギー先進国になるために協力しましょう、というのだ。

ドイツ環境大臣アルトマイヤーも、ドイツは脱原発をきめたが、フランスは原発推進。原発に関してこの不協和音は拭えないが、フランスが再生可能エネルギーを積極的に推進するという姿勢があるかぎり、共同することに異論はない、という。再生可能エネルギーの自然条件による不規則な発電、送電網の不足、投資資金、などを共同の課題として解決してゆきたい、特にエネルギー転換での共同研究を推進したい、とかなり積極的だ。

当面、役所、市民の情報を流し、役所、企業、専門家を交流させ、会議、講演会などを開催し、互いの広報資料や規則などを交換することが、短期の目標だ。巨大なEU再生可能エネルギー共同体をつくる計画はまだない。とはいえ、頻繁に開催される国際的な環境会議でフランスとドイツが有利になる、いやEUが有利になる条約が提案できる可能性も大きくなる。EUが再生可能エネルギーでの政治的決定権をもち、エネルギー転換で世界のトップに立つこともできるだろう。アジア諸国の経済的進出がエネルギー問題を複雑にする、という新たな状況が見え始めたからこそ、ヨーロッパでまず実験が必要になる。ヨーロッパ大陸はアジアにも陸で続いている。対アジアという視野でエネルギーでも有利な立場を築く必要がある、と考えているヨーロッパの差し迫った現実を見なければならない。

エネルギーダンピングの危険

さらに、解決すべき問題がある。エネルギーが国境を越える時に起こる価格の変動を事前に協議しておかなければならない。エネルギーのストックと送電網そして売買価格を調整するプログラムこそヨーロッパのエネルギー戦略にとっての死活問題なのだ。ドイツはこれまで電力輸出国であり、なお輸入国でもあった。だからといって電力が不足したから輸入しただけではない。ドイツ国内の電気料金がフランスの料金より高い場合にフランスから輸入するほうがドイツ国民にとって有利だ。つまりフランスの電気料金とドイツ国内の電気料金が、いつも同じというわけにはいかない。だからこの問題を事前に解決しなければいけないことになる。電気料金の差は、発電コストをだれが支払うかを問い直すことでもある。これもまたドイツとフランスには差がある。

これまで国際的な問題になったのは、ドイツの風力発電量が増えるにしたがって、需要が少ない時間帯には余った電力は隣のポーランドに流れ、ポーランドの市民がドイツからの電力輸入反対の声をあげたことだ。ドイツの発電会社はポーランドに流れた電力量をコントロールする設備を設置していなかったため、その量さえわからなくなった。電力は余ったほうから不足する方にと、自然に流れる性質があるからだ、という。

ある時には、ドイツからオランダに流れる電力の料金のほうが安かったために、オランダ国内の火力発電所から電気を買う消費者が少なくなり、発電所は閉鎖に追い込まれた。再生可能エネルギーの増加は、それを予見しなかった料金体系の見直しと、国境に送電をコントロールする装置を設定する必要性をあきらかにした。もちろんこれらの国には消費者が電気会社を選ぶことができるシステムがあるから、起こった問題だった。

ドイツは福島災害の後で脱原発の決断をし、二七カ国の欧州連合のエネルギーミックスの歩調を狂わせた。ドイツが決断した「エネルギー転換」は隣国フランスでそのまままねることはできない。というのはドイツの再生可能エネルギーが成功したのは、企業の競争力が維持できるように再生可能エネルギーへの投資のほとんどは、消費者個人の出費でまかなってきた。つまり、消費者が高い電力料金を支払ってきたからだ。

フランスでは庶民への負担を減らし、つまり再生可能エネルギーへの投資額を電力料金に上乗せせず、なお大規模なエネルギー消費をする大企業の電気料金は優遇しなかった。その反対にドイツは大量に電力を使う製造業などの大企業を優遇する料金体系をつくってきた。電力価格の設定、これがヨーロッパ諸国の経済競争にとって重要なポイントになる。少なくともエネルギーダンピングというような無駄な価格競争はさけたい、というのがこの二カ国の願いだ。

第10章　フランスの再生可能エネルギー政策

レ・メ村（Les Mées）は一〇〇メガワットをめざす。

マルセイユの北一二〇キロ。フランスの新幹線ＴＧＶエクサン・プロバンス駅から高速バスで二時間半。小さなグランド・キャニオンに似た奇岩が並ぶ風景が現れる。発電センターはレ・メ村のシンボル、この奇岩の上にある。デュランス川沿いのこの国道を行く車の窓から眼をこらしてもフランスで最大規模の太陽光発電センターはみえない。発電所につきものの高圧送電塔が見えないのだ。レ・メの住民でさえ景観の変化に気がつかない。それほど環境に配慮した太陽光発電センターの約六〇メガワット分の工事は二〇一一年六月六日にほぼ完了した。

一九七一年から人口四〇〇〇人。レ・メの村長を勤めるレイモン・フィリップ（Raymond Philippe）は、この発電センターの成功には五つの幸運があった、と胸をはる。

(1)　日照時間が長い南フランスだったこと（一三〇〇キロワット時／㎡）。

(2)　二〇〇四年に始まった風力発電の企画を早々に太陽光発電に変更したこと。
(3)　レ・メに属する一五〇〇ヘクタールの候補地の所有者が三戸だったこと。
(4)　農家がみずから土地の有効活用を申し出たこと。
(5)　環境保全団体との話し合いが順調だったこと。

といってもレ・メ村がみずから企画したのではなく、フランス政府が隣国と比較して再生可能エネルギー戦略に遅れをとっていることに気がつき、二〇〇四年に関心のある企業に、具体的な発電所建設の公募を呼びかけたのがきっかけだった。その呼びかけに大手の企業は風力、太陽光、バイオマスなど各地で大型プロジェルトを企画し計画案を政府に提出した。レ・メとその周縁にある村に大企業の連合体が訪れ、まず風力発電に土地を提供しないか、ともちかけた。もちろん近隣の村も含めて調査が始まった。まず年間を通じての風力調査、高さ六〇メートルを超える巨大な柱を支える地盤の調査、建設途中と稼働中の村への騒音など、すべての事前環境アセスメント資料をそろえる必要があった。調査だけで三年が経過した。遅々として進まない計画にしびれを切らしたレイモン・フィリップ村長は、風力をやめて太陽光発電にしたらどうか、と変更を申し出た。

年間三百日快晴という日照に関するデータ資料はそろっていた。しかも地面に置くだけの太陽光発電パネルだったら地盤調査の必要もなく、稼働中の騒音も、工事中の騒音もない。この土壌

レ・メ村。丘の頂上に発電所がある。

は痩せていて主にラベンダーと養蜂だけが農家の主な収入源だった。ラベンダーの価格は近隣の農家との競合もあって年々、販売価格は低迷し、蜂蜜もまた多くの収入を得るものではなくなっていた。だから農家は調査が始まる前から土地の利用を村にまかせることに賛成だった。

だから農家に借地料を二十年間支払う契約がすぐ成立した。環境アセスメントで問題にしたのは、プロバンス地方の美しい景観をどう保全するかだけだった。

レ・メはフランスでも四大河川の一つローヌ川の支流、デュランス川に面したところにある。山岳地帯を下るこの河川の整備をしながら三三カ所の水力発電設備を戦後すぐから四十年かけてフランス電力公社（EDF）が建設してきた地域だ。だから高圧電線も景観を配慮しながらデュランス川沿いにすでに設置ずみだった。しかもプロバンスという観光地にちがいないが、名所という見るべき建造物もないレ・メとその近郊は散策の愛好家にしか知られていない場所でもあった。だからラベンダーの季節以外に観光客らしい人影はなかったのだ。環境保全団体がチェックしたのは、地形を変えないこと、そして高圧線が風景を妨げないことだけだった。そのためにまず地形を変形することなく、あるがままの地面に発電パネルを設置すること。フランス電力公社（ＥＤＦ）がすでに設置してある高圧の送電塔まで送電線は発電センターから地下に埋めて、配電することになった。岡の頂上からデュランス川までの傾斜面に溝を一四キロメートル掘り進み、川の下にトンネルを通して既存の高架送電塔につないだ。だからこそフランス最大の太陽光発電所は丘の頂上に立ってはじめて眼に飛び込む。レ・メの村民でなければ、村道を歩いていても発電所に気づくことはない。

農業と共存する発電所

発電パネルの効率が下がる二十年後に、ふたたび農地として使用できるように、パネル設置枠の土台をコンクリートでつくらない施工の提案も、地元の人々に好感をもって迎えられた。アルミ製のパネルの枠を固定する支柱は、長さ二メートル以上ある巨大な釘のような形をしている。といっても直線ではなく地中に深く入り込む部分に大根のような膨らみがあり、そのふくらみにそってネジの螺旋が浮かんでいる。支柱の程度は、騒音が響くハンマーで打ち込むのではなく、電動ドライバーで地中深くネジ込むから強風で倒れる危険はない、という。

しかも発電所として稼働中に希望があれば農家が羊を放牧させることもできるように、傾斜したパネルの下そして二本のパネルの間にある五メートル間隔の通路に雑草の種を捲いておくことにした。

ここでは発電と放牧が共存する時間を超えた不思議な景観が生まれる。

レイモン・フィリップ村長は、そのうえ企業税という収入があるのは村民の福祉にとってなにより嬉しいことだ、と話す。ただ、フランス政府は二〇一〇年に企業が地元に直接支払う企業税の税率を引き下げたため、収入は予定の三分の一になってしまったが、それでも発電産業を迎えたのは素晴らしい決断だった、と笑顔を絶やさない。発電所としての機能が終了した後の撤去工事もパネルのリサイクルも、企業とレ・メ村との契約条件にはいっている。つまり、土地も発電装置も、ともにリサイクルというサイクルのなかに組みこんであるのだ。リサイクルはPVサイクルというEU諸国内で廃棄太陽光発電パネルの回収からリサイクルまでを請け負う国際企業があり、パネル生産、販売、施工などの企業が加入する。二〇一二年からはヨーロッパに進出している中国のメーカーの加入も見られる。

大変だったのは行政に提出する資料作りに一年半もかかったことだ。なかでも土地利用の変更地図作りに苦労した、という。高台にある発電センターにある住宅は三戸だけで、それ以外

レ・メ村。太陽光発電所風景。

の住宅とは離れていて何の問題もなかったが、二十年先を見通した区画整理に手間取った。それでも二〇〇九年七月に作業を開始し、二〇一一年六月に稼働という早さだ。パネルの設置だけだったら九カ月しかかからなかった。

現在完了した一七区画は、ラベンダーの畑の区画をそのまま生かしたものだが、作業は二種類の企業集団が別々に請け負った。ソーラー・ディレクト（Solair Direct）とアンフィニティー（ENFINITY）の共同体（三六ヘクタール、一八・二メガワット）。そしてエコデルタ（Ecodelta）とシーメンス（Siemens）（六六ヘクタール、三一メガワット）。ここにはエコデルタ社と住友商事がラヴァンソル社（Lavansol）という名前のコンソーシアムをつくって出資した。

ベルギーからの参画

アンフィニティーはベルギーが本社の企業。シーメンスは一世紀以上も前にフランスに進出しているがドイツの企業。そして日本の住友。エコデルタは南フランス、と異なる国籍の企業が複雑に組み合わさった事業だ。エネルギー産業とは投資、企画、工事を互いに分かちあい、リスクと利益も互いに分け合うグローバルな産業なのだ。

アンフィニティーが建設した発電部分はドイツに本社がある投資会社、ドリック・ソーラー・プロバンス社（Doric Solar Provance）の所有になった。別の表現をすれば建設終了直後にアンフィニティーは別の投資会社に売ったのだ。

だがアンフィニティーは太陽光発電施設の管理と次の企画にかかわっている。この企業は自ら事業の企画をたて、投資家をつのり、提案して工事を完了し、投資家に手渡すまでを事業としている。だが世界規模で展開した発電所をベルギーで集中管理しているところがネット社会ならでは、と思わせる。レ・メでの事業を観察するかぎり、公共の資金で、政府の金を借りなくても太陽光発電事業を起こすことができるのだ。再生可能なエネルギー産業に十分な利益がでる可能性があるかぎり、投資家はあつまると意欲的だ。だからこそ起業から五年目で太陽光発電会社としては世界の一〇指の一つに数えられるまでに成長した。「インターネットの時代です。施設の中に監視カメラを置き、異常があれば現地の契約会社に連絡して行動をおこせばいいのです。太陽光発電は、工事にも管理にも特殊な専門家の必要がなく、どの発電方法より、合理的で安上がりです。もちろん安全と環境保全に最適であるのは言うまでもありません」と語るのはアンフィニティーのエレナ・メッシ（Elena Messi）。「レ・メで使ったほとんどのパネルは中国製です。世界で使っている発電パネルの八〇％が中国製であるのは安いからだけではありません。性能もいいからです」とも言う。

レ・メの工事の残りは二〇一一年九月末までに終了させなければならなかった。というのはそれまでに設置が完了すれば電力を公社（ＥＤＦ）が定額で購入するが、それ以降の発電については、発電量に応じてその都度公社が設定すると二〇一一年三月に政府の発表があったからだ。フランス政府の安定しない買い取り価格設定の結果、多くの企画が宙に浮いてしまい、政府の見通しのあまさに批判が集中した。ということは予想を遥かに超える参入希望があって、予定していた買い取り予算の枠を超えてしまった、ということだ。

電力の谷、新風景

レ・メに太陽光発電所ができて、デュランス川に沿った谷は再び〝電力の谷〟と脚光を浴びはじめた。レ・メの住宅地から七〇〇から八〇〇メートル登った丘だから、発電パネルが高温にならず発電効率は予測より一五%も良い結果がでた。丘の畑の起伏がそのままパネルのうねりになって無限に広がる風景は、現代アートと言ってもいいほどの美しさだ。ラベンダーのかわりに発電パネルを植えたようにもみえる。曇った日の表面は黒い。だが青空を映すと海の波になる風景ができた。かつてニューヨークに摩天楼が林立しガラスと鉄の新たな二〇世紀を象徴する風景が現れ、われわれを驚かせたが、この太陽光パネルの海がつくる風景はその一世紀後にあらわれた新風景といってもいい。

巨大な発電施設が二十年の寿命を設定して環境保全しながら、その敷地と資材すべてをリサイクルする、というプロジェクトはまさに二一世紀の思想だ。先端技術は刻々と性能をあげる。つねにその先端にある技術と資材に置き換えることができる設計志向がこれほど必要な分野は他にないだろう。太陽光発電は敷地を選ばない。屋根の上でも一つの街に等しい面積でも、応用できる設備だ。しかもその敷地をそのまま元通りに、農地に戻す事もできる。シーメンスは管理も請け負っている。稼働初日にシーメンスの社員は、「この発電パネルの下にある土地にまいた雑草の手入れもします。二十年後に現在より豊かな土壌になっているかもしれません」、と参加者を笑顔にする挨拶をした。

だがこの作業現場を見学しながら不思議なことに気がついた。現場の指導はシーメンスのエンジニアだからドイツ語で書いたパネルがある。だが労働者は不況で本国に仕事がないスペインからの季節労働者でスペイン人が経営するホテルに宿泊しスペイン語が現場でとびかう。しかし、現場は南フランス。資本家もいれればベルギー、ドイツ、スペイン、日本そしてフランス、と五カ国がかかわる現場だった。国際資本は労働現場の国境を取り払っていた。

レ・メ村の丘の上にある候補地は二〇〇ヘクタールある。その一五%しか利用していない。せめて最初の計画案の通り一〇〇メガワットまで成長させたい、というのが社会党員である村長の願いだ。「八〇%も原子力発電に頼っているフランスのエネルギー政策は変える必要がある。安心できる再生可能なエネルギーに変換させなければいけません。福島はそのことを教えてくれました。どうぞレ・メを見学してください」、とも村長は付け加えた。

第11章　「太陽のトンネル」を緑の列車が走る

ベルギー国鉄が再生可能エネルギーに挑戦

　モビリティーの電化は加速する。だがそれを動かす電力をどんな発電方式に頼るかが今後の行方をうらなうだろう。なかでもいま注目されているのは太陽光発電パネルと燃料電池だ。もちろん一九八〇年代に開発が始まったソーラーカーというジャンルではオーストラリアでのレースで二〇一〇年、二〇一一年と二連覇した日本チームの快挙がまだ記憶に新しく、パネル性能の向上を誰の眼にも焼き付けた。だが自動車はもちろんバスや市電や列車の屋根に太陽光発電パネルを乗せる試みは世界各地で始まってからすでに二十年以上を経過したが、それらが普及することも、強力な動力になることもなかった。

　ところが太陽光線のエネルギーだけで列車を走らせようという試みが、多くの疑問をはねのけて実現したのは、東日本の災害から三カ月後の二〇一一年六月六日だった。世界で最初の太陽光発電パネルから供給された電力だけで動く列車は、ベルギーの北にあるアントワープ中央駅から北方に、ノルデルケンペン駅をめざして出発した。

これまで、だれ一人としてそんなことを実現しようとはしてこなかったのは、屋根で発電してもせいぜい駅舎や家屋の照明に利用できるだけの電力量しか発電できないから、と思われていたからだった。だが、夢のようなこのプロジェクトを実現させたのは、ベルギーに本部のある二人の若いエンジニアが二〇〇五年に創業した民間太陽光発電企業アンフィニティー（Enfinity）社と国有鉄道管理会社アンフラベル（Infrabel）、つまり官民の連合体だった。

偶然のアイディアから

発電設備の設置は全くの偶然からはじまった。ブリュッセルとオランダのアムステルダムを結ぶベルギー高速鉄道路線（LGV4）の、オランダ国境に近いアントワープ駅で高速列車の運行がスムーズになるよう地下にトンネルが建設されるほど四号線は期待の路線だった。列車はトンネルを通過し地上に戻り、在来線と一緒になり、高速道路E19・A12号線の分岐点で在来線を離れ、高速道路E19号線と並行し、スコーテン（Schoten）、ブラースハート（Brasschaat）駅を通過し、オランダ国境までの四〇キロメートルを時速三〇〇キロメートルで走る。アントワープ駅から遠くないスコーテン（Schoten）駅とブラースハート（Brasschaat）駅の間にあり高速道路E19号線と並行する場所が太陽光発電にふさわしい場所となった。

というのは、一帯は自然保護区域で、森の樹木を伐採せず、なお樹木が倒れても運行に支障がなく、近隣への騒音を防ぐ必要があった。そのための構造物を路線に沿って設計しているうちに、トンネルの中を列車が走るのが最適と結論がでた。環境を配慮した結果、トンネルの長さは三・四キロになった。偶然そのトンネルの屋根を見たアンフィニティーの社員は屋根に太陽光発電パネルを敷き詰めたら、というアイディアが浮かんだ、という。もちろん列車に供給する電力発電のために。夢のような計画だったが、その工期は一年もかからなかった。再生可能な他の発電装置より、議論の余地なく簡単で有効な発電方式だった、とベルギー国鉄は語る。そのトンネルは「太陽のトンネル」と名づけられた。

たった二五キロだが

アンフィニティーは、トンネルの三・四キロメートルの屋根、総面積五万平方メートル（サッカーのグランド八個分の広さ）に一万六〇〇〇枚のパネルを置き、年間三・三メガワット／時を発電した。電力は列車走行用のモーターをまわすだけでなく、信号用の電力も、駅舎に必要な空調装置、照明などあらゆる電気設備の電力もまかなう。石炭でも天然ガスでも原子力でもない太陽光線だけで電力が供給される列車にもかかわらず、アントワープ中央駅を出発した列車の内装も外装も太陽光で走っていることを表明するデザインはなかった。普通の列車なのだ。北に向かう列車の進行方向両側に森があるがトンネルの左側の壁は塞がれ、右だけに窓があり、そこから光が入る。トンネルは森の中を大きなカーブを左側に描きながら続く。その屋根に並んだ九列の太陽光発電パネルも当然そのカーブに沿ってのびる。といっても高速道路を列車と平行して走る車窓からトンネルの屋根が見えるわけでも、森を散策する人間に発電パネルが良く見えるわけでもない。トンネルを横切る陸橋の上だけが太陽光パネルが並んでいる「太陽のトンネル」を眺める唯一のポイントだ。

最初の試験運転区間は二五キロメートル。この発電方式のユニークなところは、生産された電力がこれまであった国営の送電網へ流さず、直接電車に流れるという方式をとったことだった。屋根にある発電所から直下のレールまでの送電だから、送電に必要な装置はミニマムですみ、なにより近距離だから送電ロスがないことも勝因だった。しかも従来からある国営の送電網運営業者を通さず、直接、鉄道管理企業アンフラベル（infrabel）社に提供するわけだから約三〇％安く電力を提供することができたのもこの方式の利点だった。

北緯五〇度五〇分、しかも太陽光の照射量はブリュッセルでの平均で九〇〇キロワット時／㎡、と南の国に比べれば太陽光発電には不利な条件のベルギーだが、よりエコフレンドリーな移動手段として列車運行の任務に邁進するベルギー国鉄の姿勢は、パイオニアとしてこれからも太陽光発電を取り入れる姿勢をつらぬく。送電が開始されてから七、八、九月と雨の多い日々が続いたが、それでも計画通りの発電量だった、という。

「太陽のトンネル」のような立地のトンネルはもうベルギーにはないが、駅の屋根はもちろん列車の格納庫、路線沿線の空き地を利用した発電パネル装置もこれからの課題にしたい、というのがアンフィニティーの願いだ。

年間で三・三ギガワットという発電量は一〇〇〇戸の家庭の消費電力をまかない、ベルギーを走行するすべての列車の一日分の電力量に相当する。その総工費一五七〇万ユーロ（約一五億七〇〇〇万円）はあきらかに高価な投資だが、この設備を稼働するための燃料は永遠に無料の太陽光。しかもメンテナンスはどの発電装置より簡単で人件費がかからない。たった二五キロメートルの走行だが、これこそ未来のモビリティーへの大きな一歩であることは確かだ。

ベルギーでの成功に続いてロンドンのブラックフライアーズ駅では四四〇〇枚の太陽光発電パネルを屋根に並べて九〇〇メガワット／時を発電し、ドイツではベルリン中央駅の屋根で一六〇メガワット／時を発電し、ドイツ鉄道の高圧架線網をつかって北の電力を南に送電しようという計画さえある。列車以外の設備への配電に鉄道網の利用が有望視されているのだ。フランス国鉄（SNCF）も、グリーンエネルギー生産の拠点として列車の運行に支障のない敷地一〇万ヘクタールを調査分類し、適切な沿線を選んで一〇〇メガワット／時の発電を開始すると、二〇一一年七月に決定した。

太陽光発電の利点は多い。

(1) 規模が巨大でも小規模でも、どんな形の敷地でも対応できる。
(2) 技術の進化に応じて最先端の部材と取り替えることができるモジュールで構成されている。
(3) 工期が短い。
(4) 工事の騒音も、稼働中の騒音も、危険な物質の排出もなく、環境アセスメントに問題は少ない。
(5) 工事にもメンテナンスにも専門技術者はほとんど必要ない。
(6) 監視カメラで遠隔集中管理でき、契約業者を地元に置くだけ。
(7) 主たる素材はアルミとガラス。設備すべてのリサイクルが約束されている。
(8) 燃料は無料で無限の太陽。
(9) パネルを取り去れば元通りの敷地に復元できる。
(10) 太陽光発電パネルの価格が下がり、他の発電方式と競合できる。

レールの両側にある土地を有効に利用すれば太陽光発電パネルが置けると、ヨーロッパ諸国がその利用に積極的になった事実は見逃すことはできない。これまで環境にやさしい鉄道だったが、これにクリーンなエネルギー産業としてのイメージが加わるだろう。

第12章　元空軍基地とメガソーラ

フライブルグとフェッセンハイムの冷戦の傷跡

フランスのメディアがドイツを気にする記事は頻繁にみられる。ドイツ車の販売はうまくいっているのに、なぜフランスはだめか、など産業についての競争意識は当然としても、環境政策についても同じだ。メルケル首相が脱原発を宣言した時の反応は〝まーやってごらんよ〟といった冷ややかな雰囲気だったが、それだけではないはず。

冷戦時代のドイツは東西対立の最前線だった。アメリカ欧州軍の司令部がいまでもドイツにあるが、次の戦争が起こったらドイツは核戦争の中心地になるかもしれない、という緊張感に包まれていた、という。ドイツとフランスの国境にあり、新大統領オランドが二〇一二年に廃炉を宣言したフェッセンハイム原子力発電所から二〇キロしか離れていない所に、日本人が大挙してエコツアーにでかけるドイツの代表的なエコ都市フライブルグがある。フライブルグには一九九一年までフランス軍が駐留した冷戦の傷跡がなまなましく残っている街だ。再生可能エネルギーで一躍注目をあびたのは、フライブルグの近くのドイツ側に原発計画があり、それに市民が断固反対して生まれたエコ都市だからだ。

ライン河をはさんで原発都市フェッセンハイムと反原発都市フライブルグが相対しているのは冷戦が生んだ縮図だ。というのはライン河の水がなければ原発の候補地にはならなかったが、どちらも共産圏にもっとも近い地理的な条件にあり、原発は電力供給と同時にソビエトに対する威嚇でもあった。かつての東ドイツ、というソビエト側への核保有という威嚇行為だった。

フランスにはいま一九カ所、五八基の原発が稼働中だが、三カ所一二基はドイツとの国境にある。アルザス地方というドイツとフランスの支配に翻弄されてきたこの地方は、いまでも原発に翻弄されている、といってもいい。

とはいえこの地方の反原発運動はフランスとドイツ側にあるだけではない。国境を接するベルギー（二〇一二年に炉にヒビワレが発覚し脱原発）、スイス（二〇一一年五月に二〇三四年までに脱原発と決定。フェッセンハイムとバーゼルの距離は四〇キロ）、イタリア（国民投票で九四％が脱原発に賛成）、つまりフランスと国境を接している西側の国が原発に頼らないエネルギー政策に踏み切ったのだ。事故が起これば数十キロ圏に隣国はある。こんな地理的条件がフランスに微妙な選択をせまる。

しかもＮＡＴＯ北大西洋条約機構に加盟したフランスは、ソビエトの脅威に対抗するために一九四五年から一九六六年までに、ドイツ、ベルギー、ルクセンブルグなどとの国境を接するところに空軍基地を九カ所、その関連施設四カ所をつくった。核保有国であることを示す威嚇としての原子力発電所の配置は、不思議と空軍基地の配置と似ている。

その空軍基地がフランスで最大の再生可能エネルギーの発電所に変貌しようとしているのだ。すでにドイツ国境では送電がはじまった。エネルギーを独立の武器としてきたフランスらしい解答の一つだろう。

トゥル・ロジエール発電所

フランス最大の太陽光発電所だったレ・メ村の記録はあっという間に塗り替えられた。一位の座を奪ったのはフランス北部の空軍基地の跡地にできたＢＡ１３６トゥル・ロジエール（Toul-Rosieres）発電所だ。レ・メ村の太陽光発電所の発電量が六〇メガワットなのに対し、トゥル・ロジエール発電所の発電量は一四三メガワット。二〇一二年四月に工事が完了し、十一月に予定より少し遅れて稼働がはじまった。

第二次世界大戦も終わりに近づいた一九四四年、フランスの北東、ロレーヌ地方に米国の空軍基地ができた。アルザス地方がドイツの領土だった当時、ドイツとの国境につくられたＢＡ１３６トゥル・ロジエール空軍基地だ。戦後、ＮＡＴＯ（北大西洋条約機構）の空軍基地として機能してきたが、ドゴール大統領がアメリカとイギリスへの従属を嫌ってＮＡＴＯを脱退し、アメリ

1994年に基地としての機能が終り閉鎖され、荒れ果てた状態になっていたトゥル・ロジエール空軍基地（©Florent Doncourt/EDF EN）

カ軍にかわってフランス空軍基地となったが、二〇〇四年以降その門は閉じたままだった。

五二二ヘクタールもある広大な土地の再利用には様々な問題があり、開発に取り残されてきた。軍隊が残した有害な物質が大量に土壌に染み込んでいること。そして軍隊の施設や宿舎として建設された三二〇〇あまりの建造物に大量に使われたアスベストの除去がネックとなり、住宅地や商業地として売り出したり、公園に整備することもできなかった。閉鎖以降、組織的な盗難にあったり、四万人を超える東ヨーロッパの民族集会の会場になったりと、この地域を治める自治体にとって頭痛の種になっていた。

フランス電力公社（ＥＤＦ）が空軍基地を太陽光発電センターにする計画に手をつけたのが二〇〇九年。まず建物の解体撤去の可能性と工事の方法が検討され、二〇一〇年、国と電力公社との間に二十二年間の長期土地使用契約が成立した。基地がある地方自治体は事業税として、年間一四〇万ユーロを電力公社から受け取ることになった。

工事はわずか十八カ月

環境調査をし、動植物の生態系を壊さず、周囲の景観と違和感なく発電センターが建設できるかが検討された。発電と平行して放牧や養蜂にも解放し、住んでいたコウモリにも新しい屋根を提供するなど生態系の維持に配慮したのは、他の発電センターと同様だ。

地表と地下から出る特殊な埃が周辺にどのような影響を与えるかが問題だったが、その解決策もでき、二〇一一年三月に調査報告書が完成し、建築許可が降りた。四月に工事前の考古学的な発掘調査を終えて、解体工事、石綿の除去、重金属類の除去などの作業が続いた。太陽光パネルを設置する工事が始まったのが六月で、工事が完了したのが二〇一二年四月末だから、三六七ヘクタールに一七〇万枚のパネルを敷き詰めるのにかかった期間は、わずか十カ月だった。

総出力量は一四三メガワットになるという。この地域六万戸分の電力を供給する。四月二十五日、完成間近のセンターを訪れた電力公社の役員は、「三年を予定していた工事がここまで早く、半分のたった十八カ月で完了した」と工事関係者に感謝し、感慨に浸った。

博物館のテラスからは、太陽光発電パネルが広がる光景が見られる
©Florent Doncourt/EDF EN

博物館を併設、観光資源に

空軍基地の跡地利用という特殊事業だったが、太陽光発電パネルをはじめ使用した建材にはこれといった特徴はない。だがこれまでの太陽光発電所とは全く違った性格がここにはある。というのは、発電所に博物館が併設されるのだ。

六階建ての建物を、オレンジ色の木材で表面を覆った直径一八メートルの球形で作る案がコンペで勝ち残った。最上階にテラスを設け、太陽光発電パネルが広がる光景を上から眺められるようにしている。発電パネルの黒い表面は、青く光り輝く水平線のようにどこまでも広がり、その光景を眺める人をＳＦ映画の主人公にする。これは発電所が積極的に太陽光発電パネルの海を新風景として宣言するようなものだ。

博物館の名前はメゾン・ド・エネルギー(La Maison de l'Energie:エネルギーの館)。開館時期はまだ確定していないが、発電所が稼働してから数カ月後になりそうだ。エネルギーの館には、展示会場や会議室があるのはもちろん、ここは学生などの学びの場でもある。推進者の一人である政治家ナディーン・モラノは、「欧州最大の発電所を、再生可能エネルギーとは何か、太陽光発電とは何か、持続可能な文化とは、を問い直すショーウインドーにしたい」と語った。

地元の住人は「米国軍人にとって思い出の地だから、彼らが訪ねるのではないか」と観光資源になる期待を隠さない。一九四四年から閉鎖まで、基地として機能した六十年間の記念として、フランス空軍爆撃機二機と米空軍爆撃機一機を展示して、記憶として残す予定だという。

大統領選の最中、サルコジが激励に訪問

トゥル・ロジエール発電所は、大統領選挙の最中にサルコジが訪れ激励したほど、他の再生可能エネルギー発電所とは別格の扱いだ。

サルコジは、トゥル・ロジエール発電所以外にもフランスの老舗太陽光発電パネルメーカーを訪問して激励したり、「メイド・イン・フランスの太陽光パネルを使って発電した電力には、買い取り価格に一〇%のボーナスをつける」などと発言した。選挙直前のパフォーマンスだったにちがいないが、再生可能エネルギー推進が重要な政策だったことがうかがえる。

大統領選挙戦の当初、原発は重要な争点にはならなかったが、フランスがエネルギー政策でどこをめざしているかは、トゥル・ロジエール発電所を選挙直前にメディア向けの話題にしたことからも明らかだ。原発推進だけではだめ、と判断したことがわかる。トゥル・ロジエール発電所は、北緯四八度（日本の宗谷岬は北緯四五度）、東経五八度に位置する。そのため日照時間がそれほど多くなく、太陽光発電にとって有利な立地ではない。そこでフランス南部のコートダジュールにある発電所より一七％高い電力の買い取り価格が設定されるという異例の特典がついた。

電力公社の利益は約束されたが、だからといって国家が損をしたわけではない。というのも、この土地は八四〇万ユーロ（約八億四〇〇〇万円）の価値があると言われてきたが、買い手が見つからない状態だったのだ。国家は電力公社に二十二年間賃貸し、年間一〇〇万ユーロの賃貸料を受け取ることになった（電力公社が投資した総費用は四億五〇〇〇万ユーロ）。電力公社という公共事業体と国とのやり取りだが、今回の事業は、汚染地の再利用に国が直接投資し国民の安全につながったという点でも注目したい。二〇一三年一月、三菱商事は、この発電所を運営しているフランス電力公社（ＥＤＦ）の新エネルギー部門に五〇％の資本投下をした。

クリュセイ-ヴィラージュ空軍基地跡地も発電所に

フランス電力公社（ＥＤＦ）は二〇一二年九月に二万八〇〇〇家族の年間使用電気エネルギー

に相当する発電量六〇メガワットの太陽光発電所の稼働開始をした。それもパリからわずか九五キロ西にあるクリュセイ・ヴィラージュ（Crucey-Villages）という一九六七年に閉鎖された元空軍基地の跡で。

二二四ヘルタールの敷地にある空軍基地特有の汚染物質の除去と建造物の解体に時間はかかったが、パネル設置作業に時間はかからなかった。全面積四四五ヘクタールの除染が終わるのは二〇一四年。それが終われば三六メガワットの追加工事をする予定だ。国家から二〇一一年に跡地を買ったのは自治体。その土地を賃貸して電力公社が発電所を建設し、電力公社が自治体に支払う二十八年間の土地利用料金は二〇〇〇万ユーロだが、建設費はその一〇倍だった。自治体はこの収入を次の再生エネルギー発電に投資する計画だという。汚染されて使いみちがなかった軍の跡地利用は今後も増えそうだ。

原発の村にハイブリッド発電所・ロラーゲ

フランスのメディアが再生可能エネルギーの開発と福島第一原子力発電所の事故を結び付けて語ることはほとんどなかった。

だが、スペインとの国境に近い南フランスの地方紙『ラ・デペッシュ・ドゥ・ミディ』の二〇一一年三月二十四日の記事には、次のように記されていた。

「日本が被曝の傷に悩み、フランスの成層圏が福島第一から出た放射能ガスの雲で覆われているとき、この地方の政治家は再生可能エネルギーの推進に直面し、これこそコミュニティーとして評価すべき実現可能な価値がある事業と認識した。〝日の登る国〟の首都から東北にあるカタストロフィーの周辺からわきあがった、原子力に代わるエネルギーの開発への要望に反応したのが、この太陽光発電所の建設だった。ここロラーゲ（Lauragais）で数カ月前から始まったボラレックス（Boralex、カナダ）社の作業はこれまでにない勢いで進んだ」

フランス電力公社（ＥＤＦ）による、再生可能エネルギー政策がこれまでにない勢いで実行に移された背景が語られた珍しい記事だ。二〇〇七年から計画されてきた事業は福島の事故をきっかけに一挙に進展した。

というのも、五八基あるフランスの原子力発電所のうちの一基、ゴルフェッシュ原子力発電所（Centrale nucléaire de Golfech）が、この地方にあるからだ。反対運動の果てに建設されたこの地では放射線量を公開してきた。というのはレベル1とされる事故が再三おこり、夏になると冷却用の水を採取するガロンヌ川の温度があがったり、水位が下がったり、問題の多い原発でもある。

二〇一三年一月にもレベル1の事故があったばかりだ。だから福島の事故に敏感に反応し、再生可能エネルギーの発電所を歓迎するのは当然だ。

買い取り価格が逆転してハイブリッドに

ロラーゲの一三ヘクタールの敷地に風車を並べ、そこから少し離れた土地三ヘクタールを太陽光パネルで覆う。風と太陽の両方を同時に同じ敷地内で電力源にする試みは欧州で初めてのことだ。

再生産可能エネルギーの開発を専門とするボラレックス社は、ケベック州に本社を置くカナダの企業。地上風力発電で実績があったが、ケベック州での電力買い取り価格が安いため海外進出を図り、条件の良いフランスを選んだ。

二〇〇二年にロラーゲ村に一〇基の風力発電装置を設置した。なぜならこの地方は、背後にある山岳地帯から地中海に向かって、毎時二〇から二八キロメートルの強風が吹くので風力発電にとって絶好の地形だったからだ。

二〇〇二年に建設した風力発電の契約は二〇一七年に終了する。その前にさらなる投資をと考え、二〇〇八年に二基の風車を設置した。だが、この年から風力発電の買い取り価格を太陽光発電の買い取り価格が上回るようになった。

風力発電の買い取り価格は、十五年契約で最初の十年は一キロワット時あたり八・二サンチーム、残りの五年は二・八〜八・二サンチームなのに対し、太陽光発電の買い取り価格は一二メガワットまで一キロワット時あたり三三サンチームと、風力の四倍になったのだ(注)。

そこで、ボラレックス社は風力発電ではなく、太陽光発電で実績のあるドイツのQセルズと共同で工事をすることにし、ロラーゲ村に欧州で最初の風力と太陽光発電をハイブリッドした再生可能エネルギー発電所ができあがった。

放牧や花の栽培にも活用

元々、農地で周囲に豊かな自然が広がる土地だけに景観にも配慮し、太陽光パネルから電力を集める電線は地下に埋め、太陽光パネルの高さは二・二メートルにした。パネルの下と周りに残した土地に穀物の種をまき、ヤギなどを放牧するためだ。花の栽培も計画している。

太陽光パネルの寿命は三十年ほど。そこで、ロラーゲ村はボラレックス社との契約期間を三十年にし、契約期間の終了後、土地を元の農地に戻すことにしている。そのため、太陽光パネルの支柱を固定するコンクリートを地面に打たなかった。パネルとパネルの空いたスペースで放牧や花の栽培を行う予定だ。

得られる電力は、太陽光が四〜五メガワット、風力が一二〜一三メガワットで計一六〜一八メガワット。ロラーゲ村のあるヴィルフランシュ市の一万五〇〇〇世帯の電力を賄い、市はＥＤＦ

から企業税を取得する。二〇〇九年十月に建設の許可が下り、二〇一一年三月に始まった太陽光パネルの設置工事は同年十一月に完了し運転を開始した。風車と太陽光パネルが並ぶ新しい風景が現れた。

注：フランスの二〇一一年末の太陽光発電の買い取り価格は一キロワット時あたり一一・三八サンチームまで下がっている。

第13章　海外技術とのバランスが背景に

アレバの最悪と最高のニュース

フランスの原子力大手アレバにとって二〇一二年四月五日は最高と最悪のニュースが交錯した日だった。最悪のニュースは、フランス北西部のパンリー原子力発電所二号機で火災が発生したこと。福島第一原発の事故から半年後の九月に死者一人を出す事故があり、それに次ぐ事故だった。この事故では一人が軽傷を負ったが、「たいしたことはない」との報道に終わった。

最高のニュースは、一年前から提出していた洋上風力発電事業を落札したこと。高さがエッフェル塔の半分程度、一六〇から一八〇メートルもある風車がフランスの北西、ブルターニュからノルマンディーにかけての海岸線に四〇〇から五〇〇基も建つ、とラジオもテレビも原発事故を忘れさせるほどにぎやかに伝えていた。

二〇一二年のフランスにおいて最大の関心事は、五月六日に行われた大統領選挙の決選投票の行方だった。四月二十二日の第一回投票で最大野党「社会党」のオランド候補が現職のサルコジ大統領をリードした。その社会党は大統領選の終盤になって緑の党の協力を得るために、原子力エネルギーへの依存を五〇％に削減すると公約したが、これは劇的なエネルギー政策の転換とは言えないだろう。

サルコジ政権は既に二〇〇七年に設立した環境グルネル会議（Grenelle de l'environnement）を受けて、二〇二〇年までに再生可能エネルギーを少なくとも総消費電力の二三％まで向上させる目標を立て、洋上風力発電だけでも出力六〇〇〇メガワット（一二〇〇基、総消費電力の三・五％）相当を見込む予算を立てているからだ。

洋上風力発電、スペインとオランダの技術力が背景に

今回の洋上風力発電事業は五カ所の候補地があり、二つのコンソーシアムが落札し四カ所が決定した。フランス原発企業アレバ（Areva）とスペインの風力発電専門のイベルドローラ（Iberdrola）、エオール・レ・テクニップ（Eole-RES-Technip）、ネオエン・マリン（Neoen Marine）からなるコンソーシアムが一カ所、出力五〇〇メガワットを受注した。

実質的にはアレバとイベルドローラ連合といえるが、アレバがスペインのイベルドローラと手を組んだのは、イギリスを中心に一万メガワットを供給してきたイベルドローラの世界一といえる風力発電の技術力が必要だったからだ。

三カ所を受注したのは、フランス電力公社（EDF）と重電メーカーで列車製造でも世界的に高いシェアを持つアルストム（ALSTOM）、オランダ風力発電の老舗ドンク（Dong）、アイレス・マリン（Ailes Marines SAS）四社によるコンソーシアムだ。彼らは出力合計一四二八メガワットの受注をした。アルストムが選ばれたのは既に最新の試作機（六メガワット）の実験を公表していたからだ。五カ所のうち四カ所は、スペインとオランダの技術力を背景に、三色旗を背負った企業からなるコンソーシアムが勝利したが、同じ三色旗を背負った、天然ガス資源開発のために設立したフランスガス公社と水道・パイプラインのスエズとの合併会社GDF-Suesは受注にもれた。

生産の現場をよみがえらせる国策

予定の六〇〇〇メガワットのうち、今回決定したのは約二〇〇〇メガワット。残りの入札は本年度末になるという。順調にゆけば、今回の風力発電事業は二〇一四年から二〇年にかけて稼働される。

三色旗を背負った大企業だけが風力発電を受注し中小企業にチャンスがなかったと批判もあるが、フランスは洋上風力発電ではドイツやイギリスに大きく遅れをとっていたため、確実な計画を最優先させた結果だった。再生可能エネルギー開発にとって嬉しい船出だが、このニュースには別の意味がある。それは風車のほとんどがネジひとつからフランス製になること。つまり、メイド・イン・フランス促進のために風車のあらゆる部品を国内で生産し組み立てる、という約束が今回の受注条件に付いていたのだ。

スペインとオランダの企業が参画しているが、彼らも風車の立地となるブルターニュとノルマンディー地方に工場をつくることになっている。直接雇用だけでも一万人の労働力が見込まれている。工業製品の生産は東欧とアジアに移り、フランス国内では工場の閉鎖が相次いでいる。二〇一二年四月十四日付『ル・モンド』によると、若者の失業率は二五歳以下で二二・七％（二〇一二年二月）と、日本をはるかに上回る。

新たなエネルギー産業は、衰退しつつある生産の現場をよみがえらせようとする国策でもある。しかもこれは国内のためだけの産業ではない。輸出技術として期待されている。

東欧とアジア諸国の生産現場の電力をまかなう素材と技術を輸出することが目標であり、国内で実績を積み信用を得るために使う総額七〇億ユーロという投資額は決して高くない。しかも洋上は、土地所有者との交渉や、環境調査が陸上風力発電よりはるかに短期間で済み経費も少なくて済む、という条件も政府にとって好都合だ。

海外での二十年の実績が日本で花咲くか

二〇二〇年には一〇〇〇から一二〇〇基の風車がフランスの洋上に並ぶことになる。水深三〇メートル以下の遠浅の海岸線が少ない日本での適用は難しいが、エネルギー産業が欧州諸国にとって有力な輸出産業であることを示す事業展開に注目したい。

入札のためのコンソーシアムに隣国の有力企業が名を連ね、互いに技術を補完し合い利益を分け合う構造をつくる。四月六日に一四二八メガワットを受注したアルストム、四月二十日にブラジルのオデルブレヒト・エネルジア（Oderbrecht Energia）と組んで二・七メガワットのタービン四〇基、総出力一〇八メガワットの風力発電の建設契約を結び、二〇一三年にブラジルで稼働する予定という。二〇一一年にタービン生産のための工場を現地につくっている、という手際の良さだ。

日本企業も商社を中心に一九九〇年代からアジアをきっかけに、米国、欧州で電力事業への投資と開発事業を積極的に展開してきた。その二十年の実績が日本という足元で花が咲くだろうか。

ヨーロッパと共存するメイド・イン・チャイナ

フランス・パリで二〇一二年四月に開催された再生可能エネルギーに関する展示会では、中国の太陽光パネルメーカーの展示ブースがにぎわっていた。中国製の安価な太陽光パネルの台頭により、ドイツの太陽光パネル大手Qセルズが破綻したが、中国製の太陽光パネルと共存を図ろうとする動きが欧州で出てきている。

二〇一二年四月三日から五日にかけて「Be Positive Paris」という展示会がパリで開催された。再生可能エネルギーをテーマに一一回開催してきた展示会が新たに、建築関連の省エネルギー（Bluebat）、バイオガス（Expobiogas）、スマートグリッド（SmartGridExpo）三分野と協賛し、より広い環境分野を見渡せる展示会になった。

参加企業四五〇社のうちわけは、建築関連一六、バイオガス七三、スマートグリッド二七、再生可能エネルギー三三四社。再生可能エネルギーの分野に出展した企業の七四％が太陽光パネルのメーカーだった。といっても、太陽光発電が欧州の再生可能エネルギーの主流であるということではない。政治が関与する大型洋上風力発電装置などは、この展示会に相応しくなかっただけのことだ。

中国の太陽光パネルの展示ブースが、ほかのどこよりも商談の多さが目立った。現在地球上で設置されている太陽光発電パネルの八割が中国製だから当然だろう。安くて品質が良い中国製品が米国と欧州の太陽光パネルの老舗企業を倒産させた、というニュースが相次ぐなかで、ドイツのシーメンスのような大手は、中国の太陽光パネル大手のサンテックパワーから太陽光パネルの供給を受けることで、太陽光発電プロジェクトを推進してきた。

展示会に出展していたシーメンスの社員は、「たしかに中国製品の価格はヨーロッパの企業を直撃したが、彼らと一緒に事業展開をすればいいだけのこと。中国も変わってきた。中国のメーカー同士の価格競争が彼らの存在を危うくしている」と中国企業との共存はむつかしくないと話す。

　また、この社員は、太陽光発電で発電した電力の買い取り価格が下がり、太陽光発電装置の設置ペースが鈍ってきていることについて次のように話す。

「ここ数年でヨーロッパ国内での電力の買い取り価格が下がり、太陽光発電の設置を妨げている。でも、ここ三年間でパネルの価格も五〇%下がった。消費者は年々安い価格で購入できている。パネルの価格と電力の買い取り価格が同じリズムで下がればいいだけのこと。設置もメンテナンスも簡単な太陽光発電は、これからも間違いなく理想的な再生可能エネルギーのシステムとして機能する。課題はあるが二〇一五年までに投資額は倍増するはずだ。でも大型の太陽光発電所を造る必要はないでしょう。小型を数多く設置して、それをつなげるという方法が、今後の理想です」と。

　中国の太陽光パネルメーカー、サンネルジー（Sunergy）社は三月三十日、同社の部品を使った太陽光パネルの組み立てがフランスのKDGエネルギー社で始まったと発表した。中国製のパネルの低価格に押されて工場閉鎖が相次いだフランスは、メイド・イン・フランスのパネルがよみがえるチャンスをここで得たことになる。メイド・イン・フランスという国是を旗印にして、中国は見事にフランスの再生可能エネルギー産業に参入した。

　もっとも、中国は太陽光パネルを専ら輸出してきたが、自国内で消費する動きも出てきている。中国山東省に本社を置くCNPVソーラー・パワー社（CNPV Solar Power SA）は、太陽電池の生産から太陽光電池モジュールの組立までをする太陽光発電装置のメーカー。同社のフランス、リヨンの事務所で働く社員は、「中国のパネルが安いのは当然のこと。人権費の安さはもちろんだが、中国のパネルの生産現場には労働者が二五万人もいる。これだけの数の労働者が最新の工場で働いているわけだから、優れた製品が安くできるのは当たり前だ」と胸をはる。

この産業が中国で始まってまだ十年だが、中国政府は二〇一二年八月に太陽光発電で発電した電力の買い取りを始めると発表した。中国でも利益の出る事業として、太陽光発電が始まる。「政府は国内での産業育成とエネルギー問題解決のため、私達の本社がある山東省でも、政府の出資で二〇一二年内に六三メガワットの太陽光発電所をつくる契約をした。もちろん私たちがその工事を担当する」と笑いながら話した。しかし、欧州、米国、インド、東欧諸国への進出はあまり問題なかったが日本は難しい、と嘆いていた。

たった十年で太陽光パネルの生産で世界一の座についた中国。その生産パネルの大半を使ってきたのはドイツを中心とする欧州諸国だった。これまで太陽光パネルを輸出してきた中国だが、これから国内に目を向け二〇一五年までには太陽光発電パネルの発電量を二一ギガワットにする意向だ。

ヨーロッパ太陽光発電協会（Epia）の発表によれば、現在までに設置されたパネルからの発電量は、一〇〇ギガワットになった、という。二〇一二年だけでも三〇ギガワットもあった。一基一ギガワットの原発三〇基に相当する数値だ。この三〇ギガワットのうち中国の三・五ギガワットはドイツの七・六ギガワットに次ぐ世界二位になる。国内の太陽光パネル産業の倒産に悩んだヨーロッパとアメリカからダンピングの疑いで裁判沙汰になり、苦境にあるといわれている中国だが、二〇一三年七月、中国政府は、ＥＵむけのパネルについて一年間輸出量を一〇ギガワットを上限とし、一ワット〇・五ユーロ（六〇〇円）を最低価格とする意向を表明、これらの輸出パネルにたいして免税あるいは低い関税にしてほしいと求めた、という。とはいえ、パネル生産量、使用量でも世界のトップをゆく中国が、広大な土地を使ってどんな再生可能エネルギー産業を展開するかを世界が注目している。

第14章　若い企業が挑む発電

新型洋上風力発電・イデオル

中国の太陽光パネルメーカーの価格攻勢により、欧州の太陽光パネルメーカーは危機的状況にあった。だが二〇一二年からフランスではヨーロッパ製のパネルを使用すれば、一〇％のボーナスつき買い取り価格にすると、国内メーカーの再建を積極的に支援しはじめた。雇用数確保という側面も重要だが、ドイツのメーカーは海外に生産、販売そして研究拠点を移して価格競争に耐えてきた。

太陽光発電に次いで期待される再生可能エネルギー、洋上風力発電でも同じことが起きようとしている。だが、欧州の利益を守るかもしれない画期的な特許をフランスの小さなベンチャー企業が開発した。

世界最大の風力発電量を誇るのは中国だ。全世界の総発電量二三八ギガワットのうち中国だけで六三ギガワット、つまり二六％を占める。シーメンスなどドイツの技術を導入してきた中国は、先輩のドイツの二九ギガワットをあっという間に超えた。対して日本は中国の三%、ほぼ二・五ギガワットしかない。海岸線は長いが、遠浅ではなく海底の地盤も堅牢とはいえない。地震が多発し、台風という強風が吹く。ヨーロッパや中国と異なるこうした地理的な要因が、日本を風力発電後進国にしているという。

では、フランスはどうか。ドイツに大きく遅れをとったフランスは、二〇一二年に海洋だけでも二〇〇〇メガワットの風力発電の候補を決め、二〇二〇年までに発電総量六〇〇〇メガワットをめざして二回目の公募を二〇一二年十二月末までに行うと発表した。

一回目の公募と同様にフランスとイタリア、フランスとデンマークなど国際的なコンソーシアムがかかわる大規模な開発になるだろうが、その公募を狙って中小のフランス企業が革新的な装置の試作と試運転を公開し、注目を集めている。

中国産の安価な太陽光パネルがヨーロッパのパネルメーカーを打ちのめした結果、ダンピングの疑いでアメリカとEUが一丸となって裁判に持ち込もうとした。風力発電でも同じことが起きようとしている。ドイツの技術を導入した中国産の格安タービンが、既にヨーロッパ企業の脅威となりつつある。従ってこれまでとは違って、模造がしにくい技術開発がヨーロッパ諸国にとっての悲願だが、その願いにかなう開発があった。

それは、洋上浮体式風力発電装置にかかわるパテントだ。マルセイユの東、地中海に面したラ・シオタ（La Ciotat）市に本社を置く企業イデオル（IDEOL）が開発した特許だ。ラ・シオタに本社を置くことを決めたのは、造船所があり、海上での実験に都合がよかったからだった。二〇一〇年創業、従業員一二人という若くて小さな会社だが、二〇一二年にフランスの新技術革新の賞を獲得した。

浮体の中央に大きな槽を設ける

イデオルの特許は「発電装置を海底に固定する、これまでの技術を根底から覆すもの」と言われる。とはいえ、既成の発電装置つまりタービンブレードをそのまま使用する。秘密は、海面の波の動きによって揺れる土台の振動を抑制し、風の方向に対応してブレードの向きを変えるメカニズムとプログラムにある。浮体の中央に設けた大きな槽に水を入れ、流体力学的な反応を使おうというものだ。つまり海の波が引き起こす揺れに逆らう揺れを起こす装置が、この槽にあり土台を安定させる。

着床式の洋上風力発電は、遠浅で水深三五メートルが限度だった。浮体式装置により水深の限界をクリアしたが、どれも建設と管理費用に問題があった。その点、イデオルの開発した装置は、これまでのものよりはるかに経済的だという。工期も材料も管理費も、従来の方式に比べ半分以下になり、それでいて発電パークで起こる発電効率の減少を改善するともいう。

イデオルの風力発電の効率の良さは、風向きを観測しリアルタイムで土台を回転させ羽の方向を変化させることにある。その仕組みは、土台から三方向に鎖を下げその先端に六個の錨を付けることで安定させるが、その鎖を調整して土台を回転させ、さらに土台を一定の距離で移動させることで、強風に対応できる。

多くの風車を設置するファームでは、後ろの風車の羽の回転を前方の風車が妨げ発電量を下げてしまうことが問題になっているが、イデオルは風車の後方に流れる空気が、後方の風車の羽に当たらないように間隔を調節し、発電能力の低下を抑える装置の特許を取った。

製造コストが半分、設置する地域に雇用を

二〇一〇年に始まった二分の一の縮小モデルによる実験では、時速九〇キロメートル、波の高さ二五メートルという条件にも耐えた。二〇一四年に原寸大の発電装置一基を試験的に設置し、量産にとりかかる計画だ。二〇一二年末にイギリスで二回の公開シンポジウム開催が予定されているのは、イギリスを開拓可能な市場と考えているからだ。フランス国内最大の電力公社アレバもアルストンも関心を示しているという。

イデオルの方式が有利な点は、製造コストがこれまでの半分で済むことだけではない。セメントで作られる土台は装置を設置する地域で量産できるため、その土地で雇用を生む。浮体式で水深を問わないため、海底に固定する方式より設置できる地域も広い。

イデオルの特許は夢のような新しい技術ではなく、北海などでの石油採掘で使ってきたプラットフォーム設置の技術と風力タービンという二つの技術を組み合わせただけのものだ。海底に六つの錨で固定されている浮体もまた、洋上建造物で経験済みだ。「浮体式」であり、発電効率が下がるのを防ぐ「可動システム」を組みこんだ装置は、日本の福島県沖の海岸線でも設置できる可能性が高い方式だろう。二〇四〇年までに再生可能エネルギーだけで自給目標を掲げた福島県への大いなる後押しになるはずだ。

酪農家ファミリーの発電事業

フランスで初めて、酪農家が小規模なメタンガスの生産に取り組んだ。GAEC AJP オルヴァン社。オルヴァン（Orvain）とは養豚家四代目の青年の名前だ。農地はノルマンディー地方の南端、ブルターニュ地方との境にあるモンサンミッシェルの近くにある。

二〇一二年九月半ばに開かれたブルターニュ農業祭の会場で、フランスにおける第一回目となるバイオガス会議が開催された。会議では、大・中・小と規模が異なる三社の経営者による講演があった。最初に登壇したオルヴァン青年は、「父母とパートタイマー二名の五人でガス会社（GAEC AJP Orvain）を経営しています」と語りはじめた。

一家は一九九七年から豚と牛、三〇〇頭以上を育ててきた。バイオガス生産の計画が具体的になったのが二〇〇四年。所有地から一三〇ヘクタールを用意した。ブルターニュ地方は養豚業が盛んだが、糞尿処理の合理的な解決方法が課題になっていた。

バイオガスといってもメタンガス化を中心に計画を立て、ガス、電力、熱源を生産し、発生する熱の一部を豚舎の暖房や、糞など燃料となる素材の乾燥のために使い、養豚から出る廃棄物の量を減らし、余った電力を電力会社に販売することにし、そのための施設を建設した。

発電量を毎時一五〇キロワットに抑えた理由

もっとも、たった一軒の農家が行うには、難しい事業だ。課題は、メタンガスを安定的に生産するために、季節や天候に関係なく安定的に燃料となる素材を用意することだった。そこで、自宅の動物の糞尿はもちろんのこと、近郊の農家で廃棄される野菜や家畜の糞尿、ブルターニュ地方特産のシードルの原料であるリンゴを栽培する農家から販売できないリンゴ、近くの公園整備から生まれる刈り取った草や樹木の枝、食品加工会社から出る有機廃棄物が定期的に配送される契約を結び、経営の安定を図っている。

ＧＡＥＣ ＡＪＰ オルヴァン社の一二〇〇立方メートルの発酵槽から生まれる電力量は一五〇キロワット／時、年間一〇〇万キロワットで三〇〇戸の電力をまかなえる。この規模にしたのは、生産する発電量によって異なる電力の買い取り価格制度を有利に使うためでもあった。

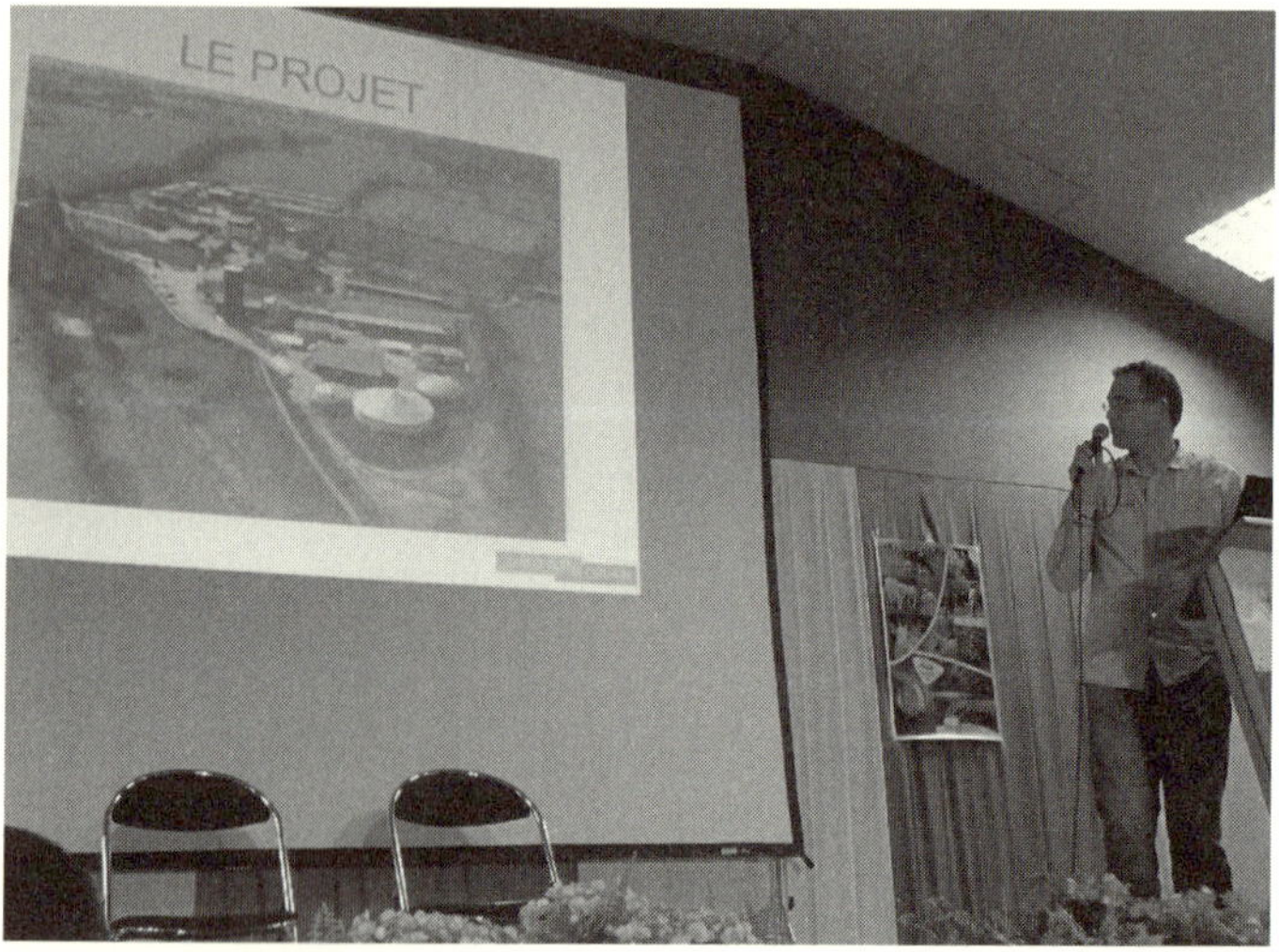

オルヴァン青年の講演

フランスの再生可能エネルギーによる電力の買い取り価格は、発電量と契約時期によって異なる。二〇一一年五月に政府はバイオガス買い取り価格を他の再生可能エネルギーよりも有利に設定し、バイオガス促進政策を明らかにした。GAEC AJP オルヴァン社はこの時期を待って契約をする戦略をとった。その時のバイオガスの買い取り価格は、キロワット／時当たり一五〇以下が一三・三七サンチーム、一五〇〜三〇〇が一二・六七サンチーム、三〇〇〜五〇〇が一二・一八サンチーム、五〇〇〜一〇〇〇が一一・六八サンチーム、一〇〇〇〜二〇〇〇が一一・一九サンチームだった。従って大きな発電量を実現できそうもなければ、買い取り価格が最も高い一五〇キロワットにとどめるのが賢い選択になる。

ＧＡＥＣ ＡＪＰ オルヴァン社が電力会社と結んだメタンガス化を中心とする発電の一キロワット／時当たりの価格は、十五年間の契約で一九・九七サンチーム（約二〇円）。基本価格一三・三七サンチームに発電の効率の良さ四サンチーム、糞尿処理二・六サンチームのボーナスが加算された価格だ。

投資額は六年でほぼ回収

設備投資に費やした額は約九四万四〇〇〇ユーロ（約九四〇〇万円）。ほぼ六年で投資額はすべて回収されることになる。規模を拡大することも可能だったが、小規模ならではの買い取り価格を選んだ。安定的に供給を受けられるメタンガスを生産するための素材の量には限りがあるため、それを有効活用できる設備の規模にすべきだと判断したからだ。

試験運転期間中に装置の管理には一日四十五分から一時間程度しかかからないことがわかったが、主な作業はほかにあった。家畜の世話に加え、提携農家や企業、役所などへの連絡と運搬の手配、そのためのコンピュータのプログラミングなどが時間をとる重要な仕事だった。

設備の建設を始める前に、バイオガスの先進国であるドイツとベルギーの小規模バイオマス生産農場で研修をしたことが役に立った、という。「フランスの農業の担い手でありながら、エネルギー産業の若い担い手として選ばれ講演する機会があったことに誇りに思う」とまだ三十代のオルヴァン氏は締めくくった。

生き物とともにあるバイオガス

バイオガスほど、専門領域の枠を超えて連帯すべきエネルギー産業はほかにない。太陽光、太陽熱、地熱、海洋、風力発電などはどれも、それぞれの生産にかかわる専門領域は限られている。だがバイオガスの素材は多岐にわたる。有機物であれば何でもエネルギーに転換できるからだ。しかも、素材の提供元は、農業や畜産、工業、林業、造園業、家庭生活と多様で、素材の供給量は、それぞれ季節によっても天候によっても刻々と変化する。

ことに農業、林業と畜産を主体とするバイオマスは、植物と動物の生育とともに変化する。いやその生育に成功して初めて産業化が可能になるエネルギーへの転換だ。そのため、風力や太陽光と異なり十年後、五十年後を見据えた計画作りがこれほど重要になる分野はない。

生き物の成長を約束し、生命の再生のサイクルを考慮してハンドリングするエネルギー産業は、大規模になることを避けなければならない産業としてフランス政府は指導している。

農業技術の進化はゆっくりだ。バイオガスの生産が技術の進化とともにあることは確かだが、他のエネルギー産業の技術的進化とは全くちがった次元にある。ダイナミックでありながら、バランスが大切な分野なのだ。

しかも地方によってバイオガスの性質は異なる。ブルターニュ、ノルマンディー地方で使われる素材は、主として家畜の育成の結果生まれる糞尿とその肉の加工から生まれる油脂に代表される有機物だ。そのため、必然的に森林地帯の木質から生まれるガスとは性質が異なる。注意を払わなくてはならないのは、生産のプロセスが清潔で危険な物質が含まれない仕組みをつくることだ。しかも農業、畜産、あるいは林業という伝統のある産業と完全に共存しなければならない。

国内で初となるコジェネレーションに限ったバイオガスの講演会は、ブルターニュ農業祭の会場に国内一六一社が参加し二〇〇人以上の参加者を得た。農業祭の展示会場に並ぶバイオ設備機器のほとんどは、農家や庭のある一般家庭向けの小さな木材、あるいはゴミと屎尿を利用するガス発生設備だったが、中小企業が開発する小規模の機器の多様さに驚かされる。

他のヨーロッパ諸国に比べ、再生可能エネルギーの政策で遅れをとってきたフランス政府だが、バイオマスの熱利用だけに限れば支援は既に十三年目を迎える。なかでも興味深いのは、パリ市内を走り始めたトラムT三の路面の下にバイオマス、バイオガス利用の地域暖房熱を供給するパイプを埋設する予定があることだ。

第15章　パリとリヨンのエコ・カルチエ

パリ市営の太陽光発電所、首都圏内で最大規模

フランスで二〇一二年初めに二五〇キロワット以上の太陽光パネル発電装置の公募があった。投資家も公共団体も個人でも応募できるが、それにパリ市が乗り出した。エコ・カルチエ（エコ街角）と呼ぶ省エネ型の暮らしを推進する小規模な住宅地整備運動があり、十年ほどまえから世界各地に広まり、フランスの各都市でも計画がはじまり、パリ市も病院跡地、廃線になった鉄道の陸橋、などを再利用しつつエコ街角の推進があった。

パリ市にはすでに役割を終え廃墟になった公共の建物を改修し、新たな機能を与え、工芸家などの活動を支援し、その周辺の商業的な開発までを任務とするSEMAESTという団体がある。今回のパリ市の発電所は、国鉄の北駅にあるパジョホールという廃墟になった一八世紀の格納庫を再利用しようと、このSEMAESTがパリ市と共同して企画提案したものだ。三年間の改修工事を経て屋根に太陽光パネル工事が完成し、二〇一三年五月にパリ市のエネルギー転換に寄与

しはじめた。

パネルは一九八八枚、面積にすれば三五〇〇平方メートルをつかって年間四一万キロワット／時。これは年間二〇〇人分の消費電力量でしかないが、建物が消費する電力のすべてをまかなうポジティヴエネルギー建築だ。パリ市にとって再生可能エネルギーだけを使う施設の開発は、エネルギー転換の一拠点となる。

この公募の電気の買い取り価格は普通だったら一キロワット当たり一〇サンチームだが、パリの古い施設を改修し、若者のための施設にというコンセプトが評価され二十年間一キロワット／時一五サンチーム（一八円、日本の買い取り価格は現在三八円）、という比較的高い買い取り価格が約束された。

しかも格納庫だった構造をそのまま生かしてガラス、木材など、リサイクルがしやすい素材だけを選んで改修したこの建物には、屋根の下に、スポーツ施設、図書館、集会場、そしてハイライトは三三〇人が宿泊できるユースホステルが併設された。この若者のためのエコな発電施設は二〇一三年五月に開館した。

パリ最大の太陽光発電所

発電能力四七一キロワット、年間発電総量四一〇メガワット、太陽熱温水装置が三〇〇平方メートルもあるパリで最大級の太陽光発電所の発足をドラノエ市長が祝ったのは二〇一三年四月二十五日だった。

発電所を上にのせているからといって、発電した電力をそのままユースホステルで使用するのではなく、直接フランス電力公社に売却してから使用、という契約だ。つまり、ユースホステルのあるザック・パジョールというエコ・カルチエの発電所はパリ市営。

パリ市は二〇二〇年までに六〇〇〇ギガワット（パリ市が使用する電力量の二五％）を再生可能エネルギーで発電しようと工事は進行しているが、二〇一四年三月にドラノエ市長の任期が終了するまでに四一〇〇ギガワット分を完了しようと工事は急ピッチだ。その工事の最大級の発電所が三三〇人を収容するユースホステルの屋根だった。といっても本物の屋根ではなく、ユースホステルを覆う別の屋根の構造がそのまま太陽光発電パネルを支えている。だがこの屋根があった国鉄の建物の歴史をしらなければユースホステルの屋根が発電所にみえる。

フランスのエコ・カルチエ構想は二〇〇八年に始まった。都市内の見捨てられた土地の開発案を公募しはじめたのだ。環境を保全し持続可能で、だれにも公平で、質が良く、人種と収入で差別しないミックスした人間関係が築ける住宅とインフラ整備を目的とする公募だった。エコ・カルチエがめざした一〇〇％持続可能な街とは当然エネルギーの使用も自前で、あるいはエコ・カルチエで発電するエネルギーが、使用するエネルギーを上回るエネルギーポジティブであることも目標になった。五〇〇以上の応募案が全国から寄せられ、そのうち一六が採択され二〇一三年で五年目を迎えて成果が見え始めた。その二カ所、パリとリヨンは規模こそ異なるが、その成果が注目されている。

パリのザック・パジョール

最大の太陽光発電所があるのはパリの北の端一八区だ。名前はザック・パジョール（Zac Pajol）。

1　屋根に発電所を乗せたユースホステル。電気の買い取り価格は普通だったら一キロワット当たり一〇サンチームだが、特別に二十年間、一キロワット当たり一五サンチーム（約一五円。日本の買い取り価格は現在三八円）という高い買い取り価格が約束された。

2　スポーツセンター。屋根の太陽光発電パネルは年間発電総量三〇メガワット。二二〇平方メートルある太陽温水装置があり、雨水をためてリサイクル。外気を内部に取り込み、地下で熱を交換し館内に循環して冷暖房のエネルギー節減。

3　高等学校。六〇〇名在籍、一九二六年建造の建物をリフォーム、屋上庭園一七四〇平方メートルがあり断熱と雨水のリサイクルに使い、屋根に太陽熱温水装置二二〇平方メートルがあり、内気と外気を循環させ内部の温度を一定に保つ装置もある。

4　商業ビル、グリーンワン（Green One）には太陽光発電パネルで年間四・五メガワットを発電し、屋上庭園で断熱と雨水のストック、内気と外気を循環させ内部の温度を一定に保つ装置があり、プラスチックを混入したセメントでできた外装材を使用し断熱性に優れた構造だ。図書館も工事中だが、ザックパジョールを総計すれば太陽光発電だけで年間発電量は四四四・五メガワットになる。

ユースホステルのエコシステム

エネルギーと水

発電パネルを支えているのは鉄構造の建物の屋根だった。古い格納庫の支柱だけをそのまま残し、それ以外の構造は解体して列車で鉄鋼炉に運びリサイクルにまわした。ユースホステルは鉄筋コンクリート構造だが、四五センチある厚い壁にウールの断熱材をつかい、外装はすべて木材。当然、環境に配慮した森林から伐採された素材だが、五〇%が国内産だ。

最も興味深いのは見えない地下にある。冷暖房のためのエネルギーを節約する壮大な構造が、地下一〇メートル、幅一六メートル、長さ一四〇メートル、天井高さ三メートルの通路いっぱいにあり、全熱交換システムが組み込まれている。ヒートポンプが稼働し外気を取り込んで空気を一定の温度にし、それを館内に送風する仕組みだ。特に高温の日と寒冷の日だけヒートポンプは稼働するが，それ以外は地下の一定した温度になった空気がそのまま送風され、さらにエネルギーを節約できる仕組みになっている。だから各部屋の天井に金属の太いチューブがつきでて必ずしも美しいとはいえないが、この風景も使用者のエコ教育になる、という。

太陽光発電パネルを支えている屋根は三〇度傾斜し南面にあるが、東面に三〇〇平方メートルの太陽熱湯水装置がつき、館内でつかう湯とシャワーの湯量の半分をまかなう。この屋根に覆われた空間の半分がユースホステルだが、後の半分の地上は二五〇〇平方メートルの庭。屋根がある半分室内のような庭だ。断熱効率を優先したため、ユースホステルの部屋の窓は小さく、基本

パジョール・ユースホステル、全体像、正面

パジョール・ユースホステルの背面。東面の太陽光温水パネル

的に開けないことになっているため閉塞感がある。それを解消するのが地上階の広い庭とテラスの共用スペースだ。屋根に降る雨水を回収して庭の池に、地下の槽に導きユースホステルの洗浄につかい回収し、できるだけ下水に流す量をすくなくしている。

エコ・カルチエのスローガンはエコ転換（transition écologique）。社会党政権になってからのエネルギー転換はその一部だが、このエコ転換には恵まれない階層の人々への社会的な援助をゆきわたらせよう、という配慮が色濃い。

パリ市の豊かな人々が住んでいるカルチエには開発余地のある空間はない。だから未開発の土地はシテ島にコンパスの中心を置けば、その一番遠いところ、つまりパリの端にある。一八区は北の端にあたる。政府はこの社会的な事業の開発資金を民間企業にも求め、その開発の恩恵を住民と企業の両者に共有させようというのだ。企業は事務所や商業施設から利益を上げ、住民は新たにできる施設の恩恵にあづかる。住民との話し合い、新聞（パジョール一二番地）の発行、工事の進展を知らせる看板の設置などの結果、スポーツ施設、図書館、劇場が加わった。ここで労働者、高校生、スポーツ選手、学生などが日常的に交わり、階級も人種も交わるミキシテと呼ばれるカルチエがエコの旗印の下に生まれる。

だがなんといってもザック・パジョールの成功は、電気エネルギーの自立だけではなく、ユースホステルを利用する多くの多国籍の旅行者が持ち込む文化の多様性だろう。

リヨンのエコ市街

フランス政府は、国のエネルギー消費の六八％を占める「家屋・建造物」の省エネに力を入れる。国民が住宅を省エネ仕様に改修するよう様々な優遇策を用意し、二〇一二年末までに各都市に少なくとも一カ所のエコ市街ができた。中でもリヨン市での取り組みは、最大のものになりそうだ。社会党政権になったフランスの環境政策は、まず原発依存を五〇％に下げることを確認した。これは選挙公約だったため驚きはない。驚いたのは、建造物の省エネを重要項目に入れ、前政権より積極的に動き出したことだ。その理由は、予算を抑えても確実な効果が出ることに気付いたからだ。

フランスの二〇一〇年度のエネルギー消費は、家屋・建造物が三〇一・一テラワット時、生産活動が一一〇・五テラワット時、運輸が一二・三テラワット時、鉄工業が一〇・二テラワット時、農業が七・五テラワット時で、計四四二テラワット時だった（出典：ＩＮＳＥＥ）。全体の六八％のエネルギーは家屋・建築物が消費してきた。この部門の消費量をグルネル環境法に従って二〇二〇年までに三八％削減（二〇〇八年比）するだけで、フランス全体が消費するエネルギーを二六％削減でき、一一四テラワット時の電力が必要なくなる。

原発一基の発電量を一〇〇万キロワットとすれば、六〇％の稼働率で発電する電気量は年間約五・三テラワット時となり、この省エネが成功すれば、フランスは原発二一基を廃炉にしても国全体で使う年間のエネルギーをまかなうことができる。産業部門の消費エネルギー以外に目標を定めたところに苦心の跡がある。

オランド大統領は年間一〇〇万戸のペースで断熱効果の良い新築住宅の建設を進める。古い住宅の改修も四〇〇万戸のペースで進める。そのために、無税で利子が二・二五%付き元金を保証する「持続可能な社会構築のための貯蓄預金(Livret A)」の預金額の上限をこれまでの二倍、一五〇万円まで引き上げ、省エネ資金の確保を図り、国民に大好評で迎えられた。

この預金は定期ではなく、いつでも必要なときに現金化できる特典がある。改修資金の貸し付けも無利子、手続きも簡略化する法案を立案から半年足らずで立法(二〇一二年十月一日)にまでこぎつけた政府の積極性には驚かされる。これは、新築も断熱のための住宅改修も、素材提供から工事の労働力まで、国内の産業と雇用を促進させフランス経済にも寄与するからだ。政府は省エネルギーとは環境政策であり、社会政策であり、経済活動促進でもある、と強くアピールした。

見放されていた地区に光が

これまでフランスの一戸の住宅で使ってきた年間の平均エネルギー量は二四〇キロワット時/

㎡だった。改修工事で三八％削減して一五〇キロワット時／㎡にし、二〇一二年から着工する建物（住宅と公共建造物）の年間使用エネルギーを三分の一の五〇キロワット時／㎡に規定、さらに二〇二〇年からはポジティブエネルギー建築を推進することになっている。こうして、再生可能エネルギーの発電装置を備え、消費するエネルギーより発生するエネルギーの方が多い建物があるエコ都市、あるいはエコカルチエ（市街）の開発が進行している。

エコ市街の開発計画は、「グラン・パリ計画」を筆頭にリール、モンペリエ、ナント、ボルドー、マルセイユなどフランス各地で進行している。中でもフランス第二の都市における「グラン・リヨン計画」、ことにその一部であるリヨン・コンフリュエンス地区（一九九八年に計画開始）はフランスで最大のエコ市街になりそうだ。リヨンを流れる二つの川、ソーヌ川とローヌ川が交わる一五〇万平方メートル（東京ドーム三〇個ほどの広さ）の三角地帯がそれだ。三期にわたる工事の一期分が二〇一二年春に完了した。

かつて交易と絹で栄えた豊かな都市リヨンの二つの川が合流する地域は、ブルジョワが住む旧市街の美しさから見放されていた。金属工場跡、市場、食肉処理場、移民の住宅、そして売春婦が立つ通りしかなかったコンフリュエンス地区に光があたり、その土地一〇〇万平方メートルに、オフィス、福祉住宅、高級住宅、商業施設などがバランスを保ちながら混在する。それを「ミキシテ」の市街と呼ぶ。

このような計画になったのは、低所得層の住宅を郊外に集中して建設した結果、不景気とともに犯罪が多発する郊外都市が生まれた一九七〇年代までの住宅政策の失敗がこの国にあるからだ。その失敗を反省して様々な民族、年齢、収入、性別、学生などが交じって暮らせる街を目指した。しかも国際的な環境団体であるWWFのラベルを得て以下の一〇項目の環境条件を掲げている。①ゼロカーボン、②ゼロ廃棄物、③持続可能な輸送機関、④地元産原材料の使用、⑤地元産食品の使用、⑥持続可能な水の管理、⑦自然建築と生物の多様性、⑧文化と遺産、⑨公正な経済発展、⑩幸せと生活の質。もっとも、WWFのラベルを得たのは目標を定めただけであって、協会の監査があるわけではない。

リヨン 最大の課題は「光」

リヨン・コンフリュエンスでは、新開発地区だけでなく戦前からある市街地サント・ブランディーヌでも省エネ工事を始めた。既存の建物の外側に断熱材を貼る、という比較的コストがかからず必要な空間もそれほど取らず、しかも生活しながら工事ができる、という合理的な工法が採用されている。

一九四八年以前の建物が多いこの地区の電気使用量は、年間三〇〇キロワット時／㎡だった。それが年間五〇キロワット時／㎡になれば、六〇平方メートルのアパートの電気料金が月一七八ユーロから二九ユーロになる。同時に節水の工事も無料でできる。屋上の緑化も条件に加え、個

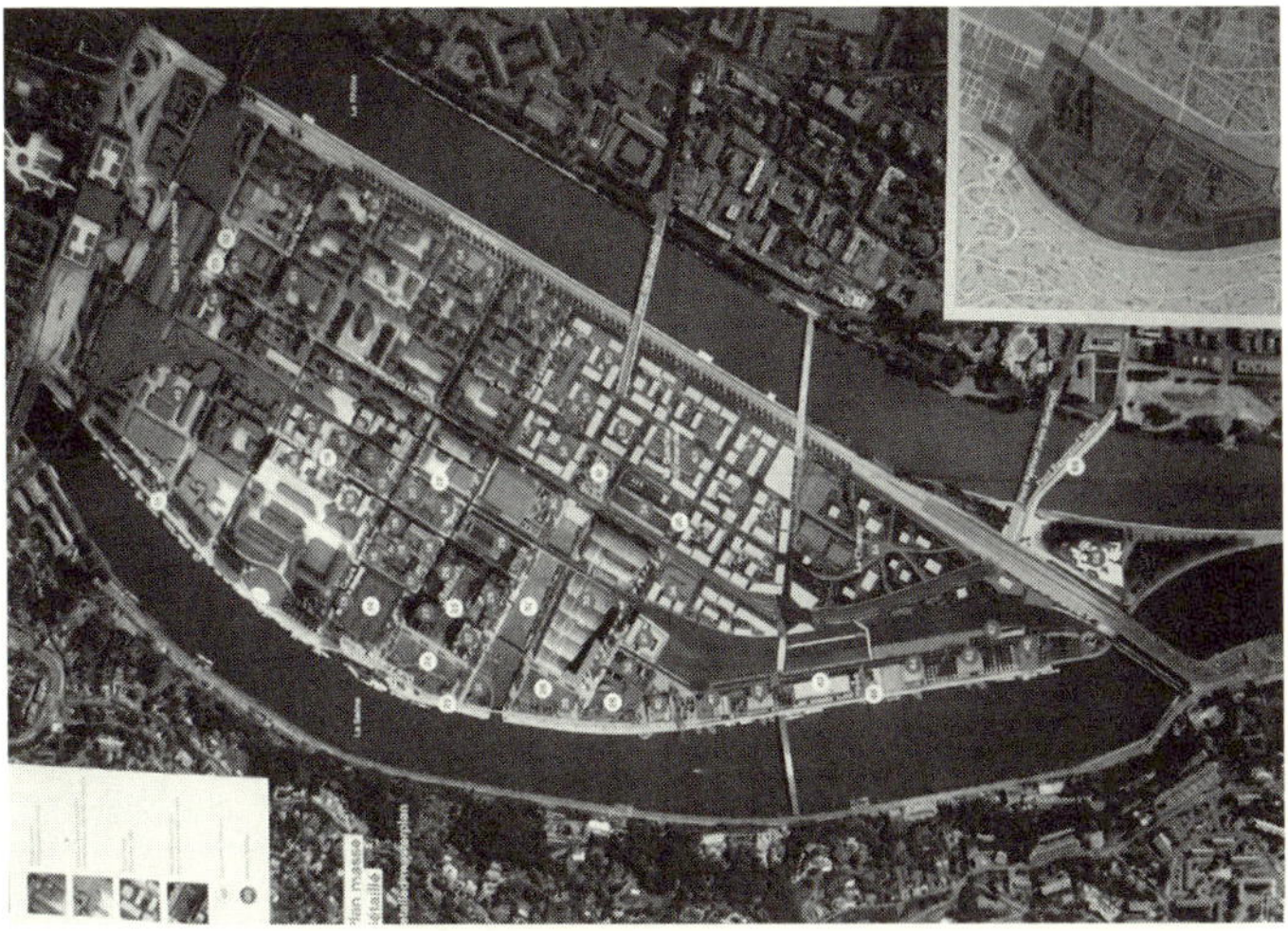

リヨン・コンフリュエンス開発地区

リヨン・コンフリュエンス。エネルギーポジティブ建設

リヨン・コンフリュエンス。対岸の旧リヨン街を見る。

人所有のアパートには無利子の貸し付けと税の控除を行う。こうした住民の利益を説明会でアピールし、住民の計画への参加を呼びかけた。

リヨン・コンフリュエンスの最大の課題は「光」だ。全体計画に冬でも最低二時間、住宅に太陽光が差すことが義務付けられているからだ。かつて市場があった新しい開発地区（二〇一四年完成予定）では、四二万平方メートルの土地に二階から一六階まで、高さが異なる一四五の建築群をモザイクのように配することで、高層ビルで壁をつくることなく、光をまんべんなく市街に取り込み、なお冬の北風を避け、夏の風通しが良い道路計画が進行中だ。

日本のＮＥＤＯ（独立行政法人　新エネルギー・産業技術総合開発機構）が計画し東芝の

技術と隈研吾氏の建築案による、住宅、オフィス、商店などが入るビル「HIKARI（ひかり）」は二〇一三年から工事が始まる。太陽光発電でエネルギーの一五％を、八三％を木材使用のコジェネレーションで暖房と発電をまかなう。使用するエネルギーより発電エネルギーの方が多い最初のポジティブ・エネルギー・ビルになる予定だ。

各戸にスマートボックスを配備し、電気、水道、ガスの使用を目に見えるようにし、使い過ぎを警告する。東芝はリヨン市と電気自動車の導入と管理プログラムの運営契約も結んだ。もちろん「スマートコミュニティー」のショーウインドーをリヨンにつくり、日本の先端技術を輸出する拠点を築くのが「HIKARI」の役割でもある。

都市計画家と風景の造形家が重要な役割を担う

エネルギーをテーマにしたこの大規模な都市計画には、二つの領域の専門家、都市計画家と風景の造形家（ペイザジスト）が必須だ。日本には建築家しかいないが、リヨンの開発では両者が均等に力量を見せる。いやフランスでは歴史的にペイザジストが建築家と同等に活躍して、建築と景観のバランスを保ってきた。最初に、開発地利用の線引きをし、すでにある建築物から残すもの、削るもの、加えるものをマスタープランとして提案する職能だ。それに従って建築案が生まれる。

ソーヌ川の対岸にある丘とそれにつながる坂に並ぶ伝統的な建築は美しい。そのランドスケープの取り込みがコンフリュエンスの成功の原点にある。新築の市街地の前に、水に映る対岸の緑と古典的な建築物がつくる景観がなかったら、コンフリュエンスは世界中の優れた建築家が競い合う現代建築の見本帳のような街でしかない。だが水面とその周りに配した緑の草、樹木の陰影が遠近を演出し、名画の一部といってもいい風景をつくり出す区画もある。

二つの川に面した三角地帯だ。その地形を生かして小型の運河を掘り、そこにつくった船つき場からでる船がサラリーマンの足となる。その周辺に生活用品を売る大型店舗も配した。公園、中庭、道路などに植える植物の選択とその植栽のデザインにも光と影の遊びがある。

移動の手段は、船、トラム、電気自動車と自転車が中心となりゼロエミッションを目指しているが、景観を意識したデザインにより、それと気づかせない若者が集うエコ市街になりそうだ。現在の人口は七〇〇〇人。完成予定の二〇二〇年には二万五〇〇〇人になる計画だ。そのときコンフリュエンスが発電するエネルギー量は、消費エネルギーを超えているかどうかが楽しみだ。

第16章　国を越えるウランの支配

国境を越えるウランの支配

見えない巨大なグローバル資本の手は、原子力発電所の建設を推進するだけではない。ウラン鉱山の開発と加工、そしてその商品化と販売を絶やさない政策をあやつるのだ。つまり、ウランを加工すれば核爆弾あるいは小型の核弾頭ができ、その平和利用というスローガンの下で核燃料をつくる、というシナリオをグローバル資本は描いてきた。ウランを国家の安全保障を担保する原点にもしてきた。アメリカがウランから得たプルトニウムで長崎に投下した原発を製造したことからもはっきりするように、原子力エネルギーに平和利用はない。ウランを燃料とする原子力発電と原子力爆弾とは表裏一体のものだ。そのウランが平和時にも戦時にも資本家に莫大な利益をもたらした。平和時のグローバル資本は原子炉を稼働させる燃料を絶やすことなく使う戦略を世界中でたてる。世界資本の下部にある諸国の政府は、電力の供給に支障があれば、市民と産業界に停電が怖くないか、電気料金が高くなってもいいか、生産に深刻な打撃があれば失業者がでる、と産業界と国民に恐怖をちらつかせて脱原発を阻止してきた。

日本のウラン産業

日本の大企業がウラニウム獲得のための本格的な資本の投下をはじめたのはそれほど昔ではない。二〇〇五年ころから始まり、二〇〇七年には投資する企業の数がピークを迎えた。すべて二〇〇七年前後に始まっている。例えば次のように。

三井物産は二〇〇八年にカナダ・ウラニウムワン社から、同社が保有するオーストラリア州ハネムーン鉱山を含む六つのウラン鉱区の権益を取得し、約七三億円を投資した。

三菱商事は二〇〇七年、カナダにあるキャンアラスカ社とのオプション契約に基づいて一一〇〇万カナダドル（約一二億円）の拠出をし、ウェスト・マッカーサー・ウラン資源探鉱プロジェクトの五〇％権益を取得した。

住友商事はアメリカに設立したエスシー・クリーンエネルギー社（SC Clean Energy Inc.）を通じ、カナダに本拠を置くストラスモア・ミネラル社（Strathmore Minerals Corporation）と共同で二〇〇七年に約一・二億円でニューメキシコ州のロカ・ホンダウラン鉱床開発の事業に合意した。

住友商事と関西電力は、二〇〇六年カザフスタンの原子力会社、カザトムプロム社が進める新規ウラン鉱山開発プロジェクト協定に調印し合弁会社Appakをつくった。参画比率はカザトムプロム社六五％、住友商事が二五％、関西電力が一〇％。

丸紅、東京電力、中部電力、東芝、東北電力の五社は、二〇〇七年ウランの引き取り権をカザフスタンで取得し、カザトムプロム社と関係するKyzylkum Baiken-Uという二社の合弁会社をつくり新規の鉱山開発を始めた。出資比率は、丸紅三二・五％、東京電力三〇％、中部電力一〇％、東芝二二・五％、東北電力五％（二〇〇五年から伊藤忠がウランの輸入をあつかってきている）。

東電は、世界全体のウラン消費量の約五％を使ってきたウラン大口需要家だった（原発大国フランスの電力公社ＥＤＦに次ぐ）。福島県と新潟県に合計一七基の原子炉を持つ東電がみずから国外で核燃料開発にのりだしたのはどの日本企業より早く二〇〇五年。ところが東電一社だけではなく、出光興産と手をつないでいた。出光が七・九％。東電が五％を投資したのはカナダに本社があるカメコ社（世界第三位のウラン鉱山会社）だ。ここには東電と関係の深いフランスのアレバ社が三七・一％も投資している。電気の生産と販売を業務とする東電が直接ウラン鉱山開発に身を乗り出したわけだが、先輩アレバに見習い、原発のデパートを目指そうとしたのかもしれない。フランスと日本企業の株式を合計するとちょうど五〇％になる。まさにアレバの主導でカメコのウラン鉱山開発に日本企業が参入したことがわかる。

二〇一二年三月二十六日のロイター通信はこのカメコ社の重役のコメントを発表しながら、不可解なことが日本で起こっている、という。というのは、福島での事故後、カメコは日本の電力会社すべてに、未使用のウラン燃料棒があればそれを買い戻しましょうと、アプローチした。そのカメコの申し出に日本の電力企業は一社も応じなかった、という。しかもすでにカメコに出資している企業東電と出光興産にも今後日本での原発稼働は難しくなるから、ウラン鉱山開発から撤退してもかまわない、という申し出にも応じる気配は見せず、投資は継続すると答え、その日本電力業界の強気に驚いた、という記事だ。日本の原子力発電からの撤退は海外では当然と思われていたのに、なぜそうしないのか、とカメコ社は問う。

政府からの莫大な資金援助がなければ経営できなくなった電力会社にとってみれば、所有している未使用の核燃料棒を売却した収入を被害者の保障にまわすべきと判断するのは当然だが、そんなことは夢にも思わなかったようだ。なにがなんでも再稼働、それにしがみつく日本の電力会社の背後に何があるかを問わなければならない。

脱原発とまで発言しないが、ウラン関連で撤退をはじめたヨーロッパの国がある。それは世界で最初に商業目的で原発を稼働させたイギリスだ。イギリス政府は資本の三三%を保有している世界第二位のウラン精製企業ウレンコ社から撤退する。二〇一二年には大幅な利益増を記録した「金の卵」だった。といってもイギリス、ドイツ、オランダの三カ国で開発したウラン精製企業だから、イギリス以外二カ国の了解が必要になるが、オランダはもちろん原発から撤退したドイツの企業E・ONとRWEが手放すのは当然だった。隣国フランスのアレバ社がウレンコ買収に関心を示しているが、その買収の競争相手は日本の東芝だという。ただし日本政府による原発の再稼働宣言を期待して、という条件つきで。

イギリス政府が売却を決断した理由は、国有財産を売却し負債を軽減し、なお公共事業などに資金をまわし、税金を支払う国民への配慮をしたいから、とあるだけで脱原発に方向転換したわけではない。

だが他にもこれまで原発八基に資本投下してきたイギリスの大手ガス会社セントリカ社（Centrica）が、フランス電力公社（EDF）と共同で新規に建設することにしていた四基の原発建設投資から撤退した。理由は建設に時間がかかりすぎ、投資金額にたいする利益がセントリカの株主にとって有利にならないからだ、という。セントリカ社はスコットランド発祥の企業だ。スコットランド政府が今後新規の原発をスコットランドに建設することはない。再生可能エネルギーに集中する、と宣言したからだった。セントリカ撤退の穴を埋めたのはフランス電力公社EDFに協力している中国の原発産業CGNPC社だった。

しかもイギリスのホライズン・ニュークリア・パワー社はドイツのE・ONとRWE社が二基の原発をイギリスで建設するために発足させた企業だが、原発に未来はないと二〇一二年三月に撤退した。その株を二〇一二年十一月に購入したのは日本の日立だった。運営上のリスクを分散させるために、原子力発電所を外国の複数の資本投下によって成り立たせてきたイギリス政府の賢さに見習わず、その始末を日本の日立一社だけで請け負うのは愚かだ。最短でも五年、もしかしたら十年以上かかるかもしれない原発工事のために投下した資本の回収までを支えるのは、日本人の税金になるかもしれない。原発のババカードを日本に引かせて安全地帯に逃げたのは、前述したウラン精製企業ウレンコから撤退したドイツのE・ONとRWE社だった。

ざっと調べただけでも、「原発ルネッサンス」に浮かれて続々と日本の旧財閥と関係が深い大企業が原発建設と燃料棒加工だけではなく、その原点にあるウランの鉱山開発にも乗り出している。ヨーロッパでは原発稼働に前向きな企業が少なくなりつつあるなかで、日本企業の資本が原発建設とウランに投資してババヌキのババを引きつづける。中国、韓国、ベトナム、トルコ、などのアジア諸国も同じ道を走る。首相まで動員して原発セールスをする日本の原発産業は、稼働中に不都合があればその損害保障をする、という製造責任契約をかわしているはず。その保障金額が日本国民の税金と知らされることは無いだろう。世界中のどの保険会社も原発産業と保険契約をかわすことはないからだ。それとも三菱重工、日立、東芝などは、国外に売る原発の故障から発生する損害保障に必要な資金を準備しているのだろうか。韓国がアラブ首長国連合での原発契約を成功させた理由は韓国大統領みずから乗りこんで、六十年間もの長期間、損害があったらその保障をする、と確約したからだった。日本が原発を海外に売り込むたびに、国民は国内での事故に怯えながら、税金でまかなうことになるかもしれない国外の原発事故にも怯えることになる。

日本政府を全面にだして国外に原発を売り込むのは、日本で新しい原発建設がゆるされず、大企業はいままでのようにおいしい収益にありつけないからだが、それ以上にウラン鉱山開発に投資した資金回収にやっきになっているからにちがいない。例えば、東電と出光興産が二〇〇五年に投資したカメコ社の鉱山開発は二〇一三年末の予定というから利益がでるにはまだ時間がかかる。当然資金回収などは、話題にもならないだろう。

ウラニウム鉱山を開発し、濃縮ウランをとりだし、なお燃料棒に加工しそれを売り歩くこと、それを企業と国家の利益にしてきたのは世界中の大企業、資本家、いや原発マフィアだ。その魔の手は開発資金回収のために、原発建設の新天地アジア、アフリカ、中近東諸国の運命も左右しはじめた。日本の原発再稼働をあやつる国境を越えた手は、フランスのオランド大統領を、恥も外聞もなく原発セールスマンに仕立て上げる手でもあった。フランス政府は二〇〇六年に三菱重工と中型原子力発電装置アトメアを共同開発すると発表した。ＥＰＲという巨大な原発を開発しフィンランドで第一号基を建設し始めた時、設計に不備があると指摘されたまさにその時の選択だった。フランス政府は、日本の技術と日本の資本をあてにし、燃料棒と除染そして再処理技術移管での利益をあてにしている。フランスの原発ロビーは福島の事故があったからこそ必死の形相で日本を原発再稼働のアリ地獄に引き込む。

価値がなくなるウランを急いで処分しなければならない。原発マフィアは、放射能汚染にさらされている我々の恐怖以上に資金回収不可能の恐怖にさらされているにちがいない。脱原発の根はウランにある。

二〇一三年、事故から二年後、被災地を最も良く知る方の好意で被災地の一九〇キロメートルを自動車で案内していただいた。左手に線量計を持って。南相馬海岸地帯の瓦礫には驚かなかった。予想通りだったからだ。だが福島原発第一に通じる道の両側に広がる自然の美しさを眺めながら、突然鳴り響く線量計の警報に心が凍った。谷でも尾根でも警報は鳴る。車の窓を閉め切っていてもガンマ線がとおりぬける音が聞こえる。破壊の痕跡がないのに、無傷なのに放射能でまみれた自然があるいたたまれない不幸の中にいた。見えない手は放射能汚染という見えない深い傷を数億年の単位で福島におしつけたのだ。

参考文献

ミランダ・シュラーズ著『ドイツは脱原発を選択した』、市民エネルギー研究所編、岩波ブックレット、二〇一一年。

郭 四志著『中国 原発大国への道』岩波ブックレット、二〇一二年。

大島堅一著『原発のコスト』岩波新書、二〇一一年。

熊谷徹著『なぜメルケルは転向したのか』日経BP社、二〇一一年。

飯田哲也、鎌中ひとみ著『今こそ、エネルギーシフト』岩波ブックレット、二〇一一年。

清水貞俊著『欧州統合への道―ECからEUへ―』京都ミネルヴァ書房、一九九八年。

ジェレミー・リフキン著／田沢恭子訳『第三次産業革命』インターシフト、二〇一二年。

コリーヌ・ルパージュ著／大林薫訳『原発大国の真実』長崎出版、二〇一二年。

クロード・アレーグル著／中村栄三監修／林昌宏訳『原発は本当に危険か』原書房、二〇一二年。

矢部 明宏著『原発の安全性見直しの動き』海外立法情報調査室、二〇一〇年。

植月献二著『外国の立法』国立国会図書館調査及び立法考査局、二〇一一年。

植月献二著『外国の立法』原子力と安全性―EU 枠組み指令：その背景と意味」二〇〇九年。http://

www.ndl.go.jp/jp/data/publication/legis/242/024201.pdf
植月献二著『外国の立法』「ＥＵにおける原子力の利用と安全性」二〇一〇年。http://www.ndl.go.jp/jp/data/publication/legis/pdf/024405.pdf
植月献二著『外国の立法』「【ＥＵ】高レベル廃棄物最終処理に関する指令の提案」二〇一一年。http://www.ndl.go.jp/jp/data/publication/legis/pdf/0246011O.pdf>
原子力委員会『原子力白書』大蔵省印刷局。一九五七年から一九九八年まで。ウラニウム輸入量の推移がみえる。
原子力委員会『原子力白書』大蔵省印刷局。二〇〇七年（平成一九年版）は、地球温暖化への対策には原子力利用が重要、と訴える。
原子力委員会『原子力委員会月報』大蔵省印刷局。一九五七年から一九七五年までがネットで公開。ウラニウム国別輸入データがある。

参考ウエブサイト

『Rue89』（リュ89）は一九九七年フランス大統領選の決選投票の五月六日に開設。フランスのインターネット新聞。左派系新聞リベラシオンの元記者が設立。

Actu-Environnement　出版社Cogiterraが運営する環境専門ウエブ出版。フランスのエコ情報を毎日提供。

portail du gouvernement　フランスの大臣すべての行動を一覧にして見せる政府のウエブページ。毎日更新。政策だけでなく大臣がどこに行き、誰に会うかもわかる。

おわりに

一九八六年、チェルノブイリを取材したフランス人のジャーナリストから聞かれた。彼は、現地で母親達の叫び声に驚き、声がきこえてくる駅に向かった。そこには数十人の母親が子供に衣料と食料をもたせ、やってくる列車に子供達を押し込みながら「いいかい、できるだけ遠くまでゆくんだよー、遠くだよー、遠くにゆくんだよー……」と泣きながら叫ぶ姿があった、という。

列車の終着駅がわかっていたわけではない。列車からおりた子供達を待っている状況もわからないまま、ただひたすら母親達は放射能の危険から我が子を遠ざけようと奮闘していた、という。事故のあったことさえ掩蔽したソビエト政府がなんらかの情報をながして子供を救済したわけではない。放射能は子供に危険、と住民に知らせたわけでもない。だが母親達は敏感に反応し自ら子供の手を引いて列車に押し込んだ。

そのジャーナリストに福島ではどうでしたか、と質問された。もちろん地震で鉄道は不通だったので、子供を列車にのせて逃がす母親の姿はなかったと思います、と答えるしかなかった。

国民はソビエト政府を信頼していなかった。だから母親達は自ら判断し行動にでた。だが日本はそれとは反対に政府の判断を待ちつづけた。待ってはいけなかったのだ。政府が正しい判断をくだすなどと期待してもいけない。

原発に未来はない、と断言するチェルノブイリを取材したジャーナリストの祖国、フランスは被爆国ではないが、驚くほど放射能に敏感なところがある。不思議な報道があった。原発大国フランスが誇る科学者の一人、放射能研究に生涯をささげたマリー・キュリーはポーランド生まれの科学者。エックス線の発見とその応用に貢献して二回もノーベル賞に輝いたフランス人。彼女の死後七十八年目にあきらかになったことがある。それはキュリー夫人が勤務していた研究所の跡地に建てられた建築物の地下から高度の放射能がでていることがわかり、その除去作業が二〇一二年に始まったのだ。かつて研究所があったある町にはラジウムを運んでくる運搬車を記念して「ラジウム通り」という名前の道がいまなお健在だ。キュリーが生きていた時代に放射能の危険はまだわからず、本人自身がラジウム入りのガラス瓶をポケットにいれていた、というほどだから、未使用のラジウムを残したまま研究所が閉鎖になっても、危険を回避する行動はとらなかった。建物を解体し土を容器に封じ込めて保管所に置いたのは、まさに福島の事故があったからだった。それほどフランスは福島の放射能に敏感に反応した。

二〇一三年六月に来日したオランド大統領の原発セールスの姿勢に違和感を抱いたのは筆者だけではないだろう。勢いの良かった「エネルギー転換」のかけ声が小さくなり、フェッセンハイム廃炉でさえ怪しい。二〇一三年七月二日に突然オランド政権に選ばれたはずの環境大臣デルフイーヌ・バトー罷免のニュースが飛び込んだ。社会党政権発足以来わずか一年で二人目の環境大臣の罷免だ。

その不穏なエネルギー政策の真相を明かそうと日刊紙『リベラシオン』が二〇一三年八月二十九日の四面を使って「原発当選議員」と銘打って原発産業をあやつってきた五十年の歴史を二一名の現職地方議員名と経歴、四名の現職大臣の名前、顔写真、経歴を明らかにしながら、フランスの原発産業の間違いを指摘する記事を掲載した。フランス・グリーンピースが公開した膨大な資料を元に、罷免されたバトーへのインタビューを交えた生々しい記事だ。コール・デ・ミン、という理系教育機関卒業者だけでできているエリート集団こそが、政策顧問、大企業の社長という肩書きを超えて、大統領さえひるむフランス権力そのもの、と明かす。まさに高木仁三郎氏の指摘通りだった。

原発推進にしがみつく利権の構造を公表するフランスのメディアの健在ぶりを久しぶりに見た。しかもアラン・レネ「ヒロシマ・モナムール」に匹敵する映画「グラン・サントラル」、原子力発電所で放射能に怯えながら働く青年の物語が八月二十八日に公開され、「プロゴフ」というブルターニュ地方の村が原発建設反対を勝ち抜いた一九七四年から一九八一年までの運動が漫画になって出版されたばかりだ。映画も漫画も福島の事故が原点にある。原発大国フランスの「エネルギー転換」に明るい気配がみえるかもしれない。権力側にある原発推進の大企業がこぞって再生可能な新しいエネルギー開発にも躍起になっている姿にまだ学ぶことがあると信じて。

本書の出版までに多くの皆様からお力をいただいた。まず、二〇一二年二月から二〇一三年一月まで「復興日本、再生可能エネルギーはいま」、「デザインの矢」と題して掲載（10章〜15章）していただき、転載を快諾くださったnikkeiweb版と日経デザイン編集の皆様に心から御礼申し上げます。そして「原発大国とモナリザ」というタイトルでの出版を応援くださったパリ生活社の小川様、出版を快諾してくださった緑風出版の高須様に心から感謝申し上げます。

二〇一三年八月二十九日

竹原あき子

[著者略歴]

竹原あき子（たけはら　あきこ）

1940年静岡県浜松市笠井町生まれ。工業デザイナー。1964年千葉大学工学部工業意匠学科卒業。1964年キャノンカメラ株式会社デザイン課勤務。1968年フランス政府給費留学生として渡仏。1968年フランス、Ecole nationale superieure des Arts Décoratifs。1969年パリ、Thecnesデザイン事務所勤務。1970年フランス、パリInstitut d'Environnement。1972年フランス、Ecole Praique des Hautes Etudes。1973年武蔵野美術大学基礎デザイン学科でデザイン論を担当。1975年から2010年度まで和光大学・芸術学科でプロダクトデザイン、デザイン史、現代デザインの潮流、エコデザイン、衣裳論を担当。現在：和光大学名誉教授、長岡造形大学、愛知芸術大学、非常勤講師。

著作；『立ち止まってデザイン』（鹿島出版会、1986年）、『ハイテク時代のデザイン』（鹿島出版会、1989年）、『環境先進企業』（日本経済新聞社、1991年）、『魅せられてプラスチック』（光人社、1994年）、『ソニア・ドローネ』（彩樹社、1995年）、『パリの職人』（光人社、2001年）、『眼を磨け』（平凡社、監修2002年）、『縞のミステリー』（光人社2011年）、『そうだ旅にでよう』（2011年）

翻訳：『シミュラークルとシミュレーション』（ジャン・ボードリヤール著、法政大学出版局、1984年）、『宿命の戦略』（ジャン・ボードリヤール著、法政大学出版局、1990年）、『louisiana manifesto』（ジャン・ヌーヴェル著、Jean Nouvel、Louisiana Museum of Modern Art、2008年）

共著：『現代デザイン事典』（環境、エコマテリアル担当、平凡社、1993年～2010年）、『日本デザイン史』（美術出版社、2004年）

原発大国《げんぱつたいこく》とモナリザ

——フランスのエネルギー戦略

2013年11月30日　初版第1刷発行　　定価2200円＋税

著　者　竹原あき子©

発行者　高須次郎

発行所　緑風出版

〒113-0033　東京都文京区本郷2-17-5　ツイン壱岐坂

［電話］03-3812-9420　［FAX］03-3812-7262［郵便振替］00100-9-30776

［E-mail］info@ryokufu.com［URL］http://www.ryokufu.com/

装　幀　斎藤あかね

制　作　R 企 画　　印　刷　シナノ・巣鴨美術印刷

製　本　シナノ　　用　紙　大宝紙業・シナノ　　E1000

　ISBN978-4-8461-1322-3　C0031